これだけは知っておきたい

調達・購買
の基礎 第2版

パナソニック
エレクトリックワークス創研株式会社
調達管理チーム 編

Basic
Procurement &
Purchase

Ohmsha

はじめに

　近年、調達・購買部門が担う役割はさらに大きくなっています。たとえば、競争を前提とする事業環境の下で、計画通りの製品目標コストの実現に向けて、最適部材の調達を具体化する必要があります。また、自然災害発生時や社会情勢悪化時においても、必要部材の確実な調達確保が求められます。

　しかし、調達・購買部門には多くの役割が期待されているにもかかわらず、その基礎から応用までを体系立てて学ぶ機会はなかなかありません。また、調達・購買の職務全般についての体系立った教育ツールや適切な市販本になかなか巡り合えない状況にもあります。

　このような実態を踏まえ、調達・購買担当者がその役割を果たすための手近な学習ツールを具体化するために、本書を執筆することにいたしました。

　全体構成として、まず心構えと役割を整理し、取引ルール・契約・在庫管理・原価・海外調達などの基礎知識、さらには見積・交渉、外注管理、購買戦略、原価企画などの具体的職務まで、広範囲に、必要と思われる知識、考え方、情報の基礎を整理して、体系的にまとめ上げたのがこの本です。

　さらに今回の改訂第2版では、関係する法律や規則の変更への対応と同時に、わかりやすさをさらに追求した記述への見直しも実施しました。

　本書を調達・購買部門全体での基礎教育ツールとして、また担当者ひとりひとりの業務における手元参考書として、ご活用いただけるならば幸いです。

　本書を足掛かりとして、基礎から応用へと継続的な自己研鑽に取り組まれることを期待してやみません。

　最後に、執筆・出版する機会を与えていただくとともに、多大なるご協力をいただきましたオーム社の皆さまに心からお礼を申しあげます。

2024年6月

パナソニック エレクトリックワークス創研株式会社

調達管理チーム

これだけは知っておきたい

調達・購買の基礎 第2版

【目次】

第9章 情報の活用

付録 巻末資料

第1章

資材購買の
心構えと役割

1-1 調達・購買管理の重要性

　調達・購買管理とは、有効適切な仕入れ活動（リーズナブルな価格で、必要な量を、必要なタイミングで、生産材を購買）を通じ、①製造原価の引下げと②品質向上を図り、③生産部門に安定供給する、ための管理手法のことです（**図1-1**）。

　企業には組織と役割があり、すべての組織においてそれぞれが果たす役割が重要となります。中でも製造業においては、調達・購買は特に重要な役割を負っていて、企業の調達・購買に対する考え方や取り組みの良し悪しは、その企業の命運を握っているといっても過言ではありません。

　調達・購買方針に基づく購買先の選定や購買品の価格決定は、事業戦略と関連づいた活動である必要があります。特に原価低減を常に意識し活動することが必要です。また、顧客ニーズの変化（小ロット・短納期）やグローバル価格の浸透等が大きく影響する状況にあることを踏まえると、従来からの固定観念や考え方に基づいた活動だけでは時代に乗り遅れてしまいます。

　しかし、企業活動が分業化された状態にある現在において、調達・購買の活動が発注と納期管理だけの仕事を主体としたものになってしまっている企業が多く見受けられる現実があり、本来求められる活動との乖離が大きい状態にあることは残念なことです。

　調達・購買の重要性を認識して役割を果たすとともに、この厳しい世の中を乗り切るための事業戦略と関連づいた調達・購買方針を確立し、それに基づき行動することが、調達・購買を担当している方々の重要な任務です。

　この任務を果たすにあたって留意すべきことがあります。世の中はめまぐるしく変化しています。長期の基本方針だけに頼らず、年度または期方針ま

で具体的に作成するとともに、世の中の変化に応じてその内容を見直していく必要があります。すなわち、世の中の変化にいかに対応できるかが、調達・購買担当者に求められているといえます。

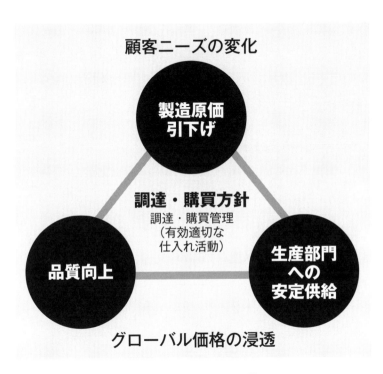

図1-1　調達・購買管理の構図

1-2 3つの管理

　調達・購買管理には「資材管理」「外注管理」「現品管理」の3つがあります（**図1-2**）。

（1）資材管理

　主に原材料や市販品の購買を主体とした管理です。いわゆる標準的な原材料や部品に加えて、一部特殊な原材料（着色等）や、仕様が特殊な部品なども対象に含まれます。

（2）外注管理

　自社商品製造のための部品加工や完成品組立、ソフト開発を自社の設計・仕様・納期指示に基づいて、外注先に製造を委託してつくってもらい、要求品質を確保したうえで、タイミングよく、しかも必要とする量を購買するための管理です。

（3）現品管理

　購買したものを財産価値を損なわないように保管管理するとともに、入庫されたものの確認を徹底し、出庫要求に対応して生産部門や出荷先へタイミングよく、適量を供給するための管理です。

　これらの3つの管理を、時代に即応した内容として具体化できるようにすることが、企業経営維持と拡大に不可欠なことであり、調達・購買部門として大きく期待されているところです。調達・購買担当者は3つの管理の目的

とするところと、その実現には何が求められるのかを十分に理解したうえで、事業目的の実現につながる自部門の目標達成に貢献できるように活動することが重要です。

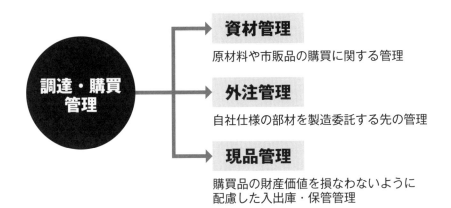

図1-2　調達・購買3つの管理

1-3 調達・購買の基本方針

　調達・購買に関する基本方針としては、下記の6つが挙げられます（**図 1-3**）。

（1）共存共栄

　果たすべき社会的使命を認識し、購買先との共存共栄による成果実現に努め、単に一時的な便益のみで購買しないこと。

（2）複数購買

　購買先は原則として1社には限定せず、主力購買先のほかに1社または2社の購買先を設け、品質・価格・納期などに適正な取引ができるようにすること。

（3）当用買い

　資材の調達・購買は月間使用量に即した毎月の当用買い方式を原則とすること。量および納期の確保、あるいは原価低減等の必要性があって、見越購買や長期契約をする場合には上司の許可を受けること。

（4）取引安定化

　購買先の選定は全社的観点に立って行い、相互信頼に基づいて取引の安定化を図ること。同時に、購買先の評価を定期的に行い、取引関係が硬直化しないように努めること。

(5) 調達・購買の計画性

　資材の購買にあたっては、生産活動の円滑化と資金の効率的な運用を図るために、標準在庫を設定し、計画的に行うこと。

(6) 重要指定資材*の安定化

　重要指定資材の購買先および製造元との継続的な関係構築は事業の安定的繁栄に重大な影響をおよぼす要素であることを認識し、相互信頼関係の維持に留意すること。

＊重要指定資材とは、生産において必要不可欠な部材を意味し、基幹部品や戦略部品とも呼ばれることがあります。

図1-3　調達・購買の基本方針

1-4 調達・購買担当者の心構えと必要な条件

　調達・購買においては、担当者と購買先営業マンとの間で、一対一の個人交渉で事が進められることが多くあります。そのため、担当者個人の知識や判断、さらには交渉能力によって、交渉結果が左右されることがあります。

　このような事態を避けるためには、自社の調達・購買方針や政策を明確にし、部門の方策・目標と個人の方策・目標のベクトルが合うように調達・購買活動の具体的な計画を作成し、フォローするしくみが必要です。併せて、次のような原則的な心構えや条件を十分に理解し、個人の具体的な行動として実現していく努力も必要です。

1 原則的心構え

　調達・購買業務に従事する人たちが持つべき原則的な心構えを、以下に挙げます。

（1）会社の代表としての自覚

　調達・購買業務に従事する人は、その業務について会社を代表する立場にあるため、常に礼儀と誠実を第一に考え、自覚と責任を持って会社の信用を維持するとともに、これを高めるよう日常業務を遂行する。

（2）感謝と信頼

　購買先に常に感謝の念を持って接し、購買先から心からの協力と支援を得るよう心がけ、社会人としても尊敬と信頼を勝ち取ることができるよう努める。

（3）選定・契約における公正な判断

　購買先の選定および契約に関しては、厳正・公平を判断の基本とし、偏見なく、基準を明確にして、調達・購買担当者全員の評価レベルを合わせる。

（4）関係部門との協調

　購買業務は、社内の関係部門の協力を得ることによって目標が達成できる。関係部門との協調に留意する。

（5）グローバルな視点

　国内市場への供給を行う企業であっても、購買品に関しては海外からの調達も検討する必要がある。海外を含めて日々変化する情報を収集・把握し、グローバルな視点での調達に心がけ、地球温暖化対策としての脱炭素社会をめざす活動の中で、CO_2削減を意識した活動を徹底する。

（6）購買原則の遵守

　過剰品および死蔵在庫は、経費および資金上の課題をもたらすため、必要なものを必要なときに必要な量だけ購入するという購買原則を厳守する。

（7）法の遵守

　調達・購買業務の実施に際しては、国内外関連法規の最新版を確認し、それらを遵守し、業務を的確に推進すること。法を遵守しない場合の社会的な制裁は多大であることを認識しておく。

（8）倫理

　調達・購買業務に従事する人は、購買先および購買見込み先に対して個人的便益の供与を求めることはもちろん、相手方の自発的供与も受けないことに徹する。馴れ合いや癒着の関係にならないように、公明正大な清い関係を構築する。

（9）機密保持

　調達・購買業務において、機密保持契約を締結するとともに、購買先または関連する第三者の機密を無断で漏洩することのないよう留意する。

2　必要な条件～求められる姿勢や取り組み～

　調達・購買業務に従事する人たちには、以下のことが求められます。

（1）基本的な姿勢：3S

- 正義：何が正しいのか。いかなるときもゆるぎない対応をする
- 誠意：いつも心をこめて取り組む
- 誠実：いつも正しく約束通り対応する

（2）基本的な業務への取り組み方：5K

- 顧客への配慮：いつもお客様（次工程）第一で考える
- 機転：抜かりない気配り・心配りで対応する
- 機敏：「善は急げ！」の気持ちを忘れない
- 高効率：いつも「業務の生産性」に留意する
- 高収益：コスト意識を忘れない

（3）業務への基本的な見方・考え方：3K

- 客観的：現場・現物・現実の三要素を具体的かつ的確に捉える
　　　　　（三現主義）
- 系統的：常に「時系列的・体系的・ネット的」に捉える
- 企画的：「自分の・グループの・職場の」新たな作品づくりに徹する

（4）高度情報技術（業務のシステム化）への取り組み

- 最新の高度情報技術（IT技術など）を活用した「仕事の進め方改革」を具体化する
- 「仕事の熟知」とその進め方をどのように変えるかという改革意識を持つ

（5）情報収集への取り組み

- 自分が担当している分野について業務に関する情報収集力を確立する
- 「良質な情報を・いち早く・限りなく多く」継続して集める努力をする

（6）調達・購買品の製造条件に関する情報把握

- 自分の担当する購買品の「製造工程」「製造能力」「リードタイム」「ウィークポイント」「製造条件」など、把握しておくべき情報をきっちりと頭に入れる

（7）購買先との公明正大な取引

- 外注先・購買先とは「密着はあっても・癒着はするな！」を厳守する
- 公明正大な購買活動を通じて共存共栄をめざし、WIN − WINの関係を確立する

（8）関係法令の把握

- 業務上必要な「法律知識」を勉強し、習得・実践する
- 国内の関連法令や海外の法律などの最新情報を入手し、理解・活用する
- 法律関係の専門部署にすべてを任せない

（9）最終責任への心構え

- 「調達・購買品の不具合」に対する最終的な責任をすべて請け負う心構えを持つ
- 問題が発生した場合に、関連部署とすばやく連携する
- 調達・購買品を生産部門へ引き渡した後でも、責任は自らにある

（10）外国語への取り組み

　グローバル化の流れの中にあって、海外との取引は今や避けて通れない状況になっています。現地における打ち合わせや直接の会話は重要であり、英語など現地の言葉でコミュニケーションを取ることが可能となるように努力することが調達・購買担当者には必要です。

- 英語のレベルアップへの挑戦をする
- 挨拶や日常会話ができる程度まで現地語を学ぶ努力をする

（11）地球環境への配慮

　グローバルな調達が必須の中で、地球温暖化対策として脱炭素社会をめざす活動が求められてきています。調達・購買担当者としては、市場環境を認識し、CO_2削減を意識した調達活動が必要です。

1-5 調達・購買の役割

調達・購買が果たすべき主な役割としては、次の6つが挙げられます。

①資材の調達・購買

- 購買先の選定
- 価格決定と安定調達体制の確立
- 必要量の発注と納期管理

②外注管理

③在庫（現品）管理

④原価低減

⑤調査

一般経済情報、資材の品質と価格、資材の市場における需給状況、同業者の購買価格、新材料情報などの調査と収集

⑥情報センターとしての機能

①～③の役割について、事業環境が比較的安定していた時代においてはほぼ固定した考え方で対応することができました。しかし、現在のような不安定かつ変化の激しい時代では、常に状況を先取りした対応が必要となっています。

さらに、④の原価低減については、一品一品の原価の細部まで徹底して見直すことが要求されます。頭を下げて根拠のないコストダウンをお願いするのではなく、自分達で知恵を絞って対応（利益創造型購買）することが必要となります。大半の製造業者では、材料費・外注加工費などの購買費で原価の60％以上を占めています。たとえば、購買金額の5％を引下げると、売上

13

高を固定して考えた利益率は3%増やすことができます。同じ割合の省人化や物流費などの経費削減による利益貢献度に対し、資材購買のコストダウンによる利益貢献度は抜群に高いといえます。

また⑥の役割については、「経営戦略の決定に貢献できる質の高い」情報センターとしての機能が求められています。原価の大半を占める材料費・外注加工費の削減に関する情報は、損益分岐点*を直接引下げるのに効果がありますし、景気動向や他企業の経営動向は戦略決定に有効な情報だといえます。したがって、あらゆる外部情報について必要なときに必要な情報を選択して取り出せるようにしておくことが重要です。

最後に、調達・購買担当者は、自らの調達・購買力を高めるために必要となるスキル内容を理解し、常に自分を磨くことが大切です（**図1-4**）。

必要スキルとしては、戦略調達スキル、購買先対応スキル、社内対応スキル、ヒューマンスキルがあります。

*損益分岐点の具体的な内容については「2-9　原価」を参照してください。

調達・購買力

社内対応スキル
・コンプライアンス理解
・開発プロセス理解
・原価理解
・IT活用
・品質知識
・環境知識

戦略調達スキル
・開発購買
・グローバル調達
・購入先コラボ

購買先対応スキル
・業界知識
・原材料市況知識
・購買先選定スキル
・生産性向上知識

ヒューマンスキル
・誠実さ
・知的好奇心旺盛
・コミュニケーション能力

図1-4　調達・購買力

第2章

調達・購買の基礎知識

2-1 基礎知識の重要性

　調達・購買部門の担当者が求められる役割を的確かつ確実に果たすためには、さまざまな知識が必要となります。また、果たすべき役割が大きくなるに従って必要とされる知識の幅はますます広がっていきます。

　必要な知識を十分に持たずに調達・購買の業務を進めようとすると一体何が起こるかを考えてみることによって、基本的な知識の重要性を具体的な形で理解することができます（**図2-1**）。

　たとえば、「買うモノ」についての知識がなければ、本当に必要とされるモノを調達することができません。さまざまな購買条件を時間と労力をかけて整合できたとしても、入手できたモノが現場では使いものにならないという状況は許されない事態です。

　また、調達・購買に関する「約束事・ルール」についての知識がない場合には、法律に違反する行為や企業としての社会的責任に関わる行為を犯してしまうという最悪の事態を引き起こすこともあり得ます。

　さらには、「価格・原価」についての知識がなければ、適正な価格での調達・購買ができません。購買先からの提示価格が妥当なものかどうかの見極めを行うこともなく、いいなりの価格で取引を進めることにより自社の利益を減らすという結果を生じることになります。

　結論としてまとめると、調達・購買の業務を通して事業利益の確保に貢献するという究極の役割を的確に果たすためには、業務に関連するさまざまな知識を理解したうえで活用できるようにしておくことが重要で、かつ必要だといえます。

16

　この章では、次の分野に関連する基礎知識の説明を進めていきます。

　調達・購買業務の基本と今後の動向という2つの視点から、具体的には、各種材料、材料加工法、材料ロス、取引ルール、発注先選定、価格決定、調達リードタイム、契約、在庫管理、原価、海外調達、持続可能性配慮型調達の12分野を対象としています。

　まずは、調達・購買の業務を果たすのに必要と考えられる基礎知識を身につけるよう努力してください。その後に、担当業務に最も関連する分野や強く関心を持った分野について、さらに知識を深めていく努力をされることを期待します。

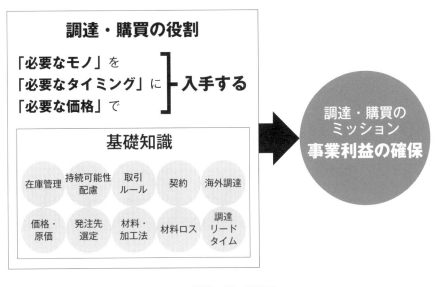

図2-1　基礎知識の重要性

2-2 材料と加工法

1 材料関連知識の必要性

　調達・購買部門が買うものは多種多様ですが、主なものは材料と部品です（**図2-2**）。製品を構成する部品にはそれぞれの機能があります。その部品にリーズナブルな価格と機能を備えさせるためには、材料の種類と性質を知っておくことが大切です。材料は求められる機能に応じた特性（強さ・軽さ・薄さ・安全性など）により決定されます。

　また、ある材料に強化材料を混合すると、加工するための機械設備が違ってくることもあり、材料の性質と機械設備を併せての知識が必要になります。コストを算出するにも、比較見積をするにも、材料知識と加工の知識がなければ、正しい判断はできません。

　知識は広くて深いことが望まれますが、すべてにおいて専門家となることは不可能です。一方、交渉をする購買先側はその道の専門家であることが多々あります。まず話が通じる程度の基礎知識を学び、相手に教えてもらいながら知識を広げ、深めていくことが大切です。

　具体的には、次のような基礎知識が必要です。

- 材料の種類と性能、それに合った主な用途
- 材料の主な原料、および価格の市況による変化
- 材料の主なメーカーと商流
- 加工法の特徴とコスト
- 加工設備の種類と特徴（大きさ、精度、価格など）
- 金型の構造、コストおよび特徴（精度、寿命、納期など）

- 材料ロス・切り替えロスのコストへの影響
- 環境への影響度や規制

　材料や加工法は日進月歩で変化しています。自社の製品に関係する材料や機械設備はどのようなものかを常日頃から把握し、関連する情報を収集する努力が必要です。ライバル社がどのような材料や加工法を採用しているかについてもアンテナを張っておきます。

　日本で初めてというような「新」でなくても、自社にとって「新」であればよいのですから、他の業界の動きの中に参考となるものがたくさんあります。見本市やセミナーなどは多くの情報が得られ、計画的に活用すれば体系的な情報入手も可能になる非常に有効な手段だといえます。また、現在取引をしている購買先から積極的に情報を引き出す取り組みも必要です。

部材	●原材料　鉄・非鉄・樹脂・木材・段ボールなど ●部品　加工部品、一般部品、電子部品など
完成品	
その他	●機械・設備類　●金型類　●治工具類 ●各種事務用品　●器具・備品類　●各種サービス ●消耗品　など

図2-2　何を買うのか

2　樹脂成形の基礎知識

　樹脂成形はプラスチック成形とも呼ばれ、世の中にある多くの製品に用いられています。色や形など見た目は似ていても、機能、特性、材質や配合の異なるものが多くあります。

　通常は、添加物やガラス繊維を加えて色・強度・耐熱性・紫外線劣化耐性

19

などの機能を加えます。主原料は原油・ナフサで、精製した各種モノマーを重合して各種樹脂をつくります。このため、ナフサ価格が上がるとプラスチック材料の価格も上がります。

（1）プラスチックの分類 　（巻末資料1、2）

熱硬化性樹脂と熱可塑性樹脂に区分されます。

1）熱硬化性樹脂

加熱すると流動・硬化し、冷却後再加熱しても変形しない樹脂で、フェノール、ユリア、メラミン、エポキシ、シリコンなどが代表的なものです。絶縁部品、電気部品、建材、家具、食器、スポーツ用品などが主な用途で、通常は圧縮成形機などで加工されます。

2）熱可塑性樹脂

加熱すると軟化し、冷却すると固化し、再加熱すると再び軟化する樹脂です（熱可塑性をチョコレート、熱硬化性をビスケットにたとえることができます）。種類は多く、汎用プラスチックからスーパーエンジニアリングプラスチックまであり、kg単価では100円から2万円くらいまであります。具体的には、ポリエチレン、塩化ビニル、ポリスチレン、アクリル、ABS樹脂、PET、ポリカーボネート、ナイロンなど、多種多様です。

（2）樹脂メーカーと商流

樹脂は種類も多く、メーカーや商社も多彩で、商流は複雑です。同じ樹脂材料でもユーザー各社の仕様に対応するために着色だけを行うメーカーもあります。着色前の樹脂材料をナチュラルと呼び、ナチュラルの使用量をまとめて集中契約する場合もあります。

（3）樹脂の価格

樹脂材料は、同じ材料であってもグレードによって単価が大きく異なりま

す。グレードの違いは流動性、耐熱性、光沢、耐衝撃性、耐候性などの性能の差によって決まります。

　樹脂材料の単価は、ナチュラル材料単価にエキストラ代を加えて決定され、ナチュラル材料単価は主原料であるナフサ価格に連動して変動します。エキストラ代は、ナチュラル材に着色剤や添加剤・ガラス繊維を加えて均質に混ぜ合わせる費用を意味します。

（4）加工量によるエキストラ代の違い

　同じ物を混ぜ合わせる場合でも、加工する樹脂量によって加工費は異なり、次の事例のように少量ほど加工費が高くなります。

- 500kg以上：60円／kg
- 300kg：　　160円／kg
- 100kg：　　250円／kg
- 25kg：　　　900円／kg

（5）射出成形法

　樹脂成形加工にはさまざまな方法があります（**巻末資料3**）。そのうち射出成形による成形加工が全体の約70％を占めます。加熱溶解した樹脂材料を金型内に射出注入し、冷却・固化させることによって、成形品をつくります。複雑な形状の製品を安く大量に生産するのに適しています。射出成形機と金型と樹脂材料の組み合わせで加工条件が決まりますが、「熱」、材料の「流動」、「金型開閉」がトラブルの三大原因で、ここに技術・技能が関係します。

　コストに大きく関係するのは、金型の取数、スプルーやランナーなどの歩留ロス、加工サイクル時間、金型・設備の償却費、金型切り替え時間などです。もちろん不良率も影響します。不良率を減らすには、成形部品の設計レベルを上げなければ根本対策になりません。一度、実際の成形加工や金型切り替えに立ち会って、現場を知ることも大切です。

3　金属加工の基礎知識

　人類の歴史は材料革新の歴史です。石器時代、青銅器時代を経て鉄器時代になり、今はファインスチールの時代と呼ばれています。加工方法も手加工から機械化され、学問的進歩にともない飛躍的発展を果たしました。

　ここでは鉄鋼と非鉄金属を取り上げますが、それ以外にも貴金属やレアメタルなどがあります。鉄鋼には構造材（建築・機械用）、機能材（電機・磁気・熱機能用）があり、非鉄金属では銅やアルミとその合金などがよく使われます。

（1）鋼材のつくり方と種類（巻末資料4）

　高炉メーカーでは、鉄鉱石・石炭・石灰石を原料に、焼結、コークス、高炉の各工程を経て、まず銑鉄をつくります。銑鉄に含まれる不純物や炭素量を調整する工程を経て、連続鋳造で次の3種類の中間素材に仕上げます。

- **スラブ**：熱延鋼板、冷延鋼板、厚中板などの材料として使用
- **ブルーム**：H形鋼など形鋼製品の材料として使用
- **ビレット**：線材製品の材料として使用

　これら中間素材を元にさらなる機能を付加した製品をつくるメーカーを単圧メーカーと呼び、電磁鋼板、ステンレス鋼、表面処理鋼板、その他の特殊鋼などがここでつくられます。ほかにも鉄屑を主な材料として建築用鋼材を主につくる電炉メーカーがあります。電炉メーカーは最近、家電・自動車向け鋼板にも挑戦しています。

（2）鋼材の商流

　メーカーが生産した鋼材は、メーカー指定の一次商社経由で販売されます。鋼材には、メーカーが認めた特定ユーザー向けの「紐付き材」と、不特定多数ユーザー向けの「店売り材」とがあります。紐付き材は、コイルセンター

で母材コイルからユーザー仕様に合わせたスリットコイルや切り板に加工され、納入されます。店売り材は、コイルセンターで定尺板（ていじゃくいた）に加工され、鋼材問屋からユーザーに納入されます。

（3）鋼材の価格

　紐付き材のユーザー向け価格は、母材価格に流通経費を加えて決定されます。この母材価格は、母材としてのベース価格にエキストラ価格を加えた価格です。また、流通経費はスリッター費、加工エキストラ費、運送費を加えた費用です。母材ベース価格は、鉄鉱石や石炭の原材料相場や為替の影響を受けます。加工エキストラ費は、鋼材の種類、板厚（いたあつ）、幅、ロット、梱包などで決まります。

　店売り材の価格には明確な決定ルールがなく、鋼材問屋との交渉によって決まります。基本的には、量をまとめて購買することを条件に価格交渉するのが有効です。

（4）非鉄金属（巻末資料5）

　非鉄金属としては銅、アルミとその合金がよく使われます。そのほかマグネシウム、ニッケル、亜鉛やその合金など多くあります。鉱山会社が鉱石を採掘し、精錬会社が地金（じがね）をつくります。そして、材料メーカーが地金から板・箔・押出形材（おしだしかたざい）やその他の造形品に加工し、非鉄問屋を経由してユーザーに届くのが商流です。非鉄金属のユーザー価格は、原材料価格に基準のロールマージンや形状増値（ましね）およびユーザー増値、さらに運送費を加えて決定されます。

　原材料価格は、ロンドン金属取引所（LME：London Metal Exchange）、ニューヨーク商品取引所（COMEX：Commodity Exchange）といった商品取引所での相場や為替で決まります。ユーザー増値は、スリット加工の費用や棒材の端面（たんめん）仕上げ代などが含まれます。非鉄金属の場合、商品取引所の地金相場によってユーザー価格が変動するため、相場の読みが大事となります。

大きく変動するときなど、先物（さきもの）を予約してリスクヘッジをしますが、失敗に注意する必要があります。

＊金属加工の種類、加工法図解については**巻末資料6〜8**を参照してください。

4　電子部品の基礎知識

（1）電子部品の種類

　電子部品の種類は、**巻末資料9**に示すように多種多様です。購買金額の多い電子部品から、その部品の働きや、どんなメーカーがあり、およその価格がいくらかを知る必要があります。部品の仕様・品質・数量などと価格は関連しています。

　さらに、実際の調達・購買においては、単品の電子部品だけではなく、さまざまな種類の複数部品を組み合わせた実装回路部品として扱うことも多くあります。

（2）実装回路の中味と価格

　実装回路の材料費は、プリント基板・電子部品・半田（はんだ）材料などです。加工費には、機械実装費、手実装費、検査費などがあります。

　プリント基板には紙フェノールの片面用・両面用や、ガラスエポキシの多層板などがよく使われます。多層板は回路を小型化するのに有効ですが、価格は高くなります。電子部品には実装方法の違いにより、アキシャル部品・ラジアル部品・チップ部品などがあります。回路の小型化に向けてはチップ部品を多く使います。部品価格で見ると、カスタム品（自社仕様品）より汎用品を選ぶ方が安くなります。汎用品を積極的に選び、数量をまとめて、複数の購買先と交渉するのが基本です。

　生産数量がまとまってくると、実装回路の一部をカスタムICに置き換え、部品点数を減らして原価低減を図るといった検討も行います。しかし、カス

タムIC化の実現には、設計と開発投資が必要です。

実装には、機械で行う方法と、人手で行う方法があります。実装機は高速で生産性は高いのですが、高価なため通常は2交代、3交代で稼働時間を伸ばして原価低減を図ります。さらに、プリント基板と実装部品の電気的接続は半田を使用します。半田付けにはリフロー半田槽を多く用いますが、条件管理が悪い場合は修正作業が増えて生産性が落ち、不良の原因にもなります。

5　段ボールの基礎知識

多くの会社が、製品の梱包や運搬に段ボールを使用しています。段ボールは、製品の使用時には廃棄されるのがほとんどですが、店頭でライバル製品と並べられたとき、顧客が選ぶような魅力的な梱包であることも大事です。**巻末資料10～14**に示した段ボールの構成や加工工程を参考に、梱包メーカーと話ができる程度の理解を進める必要があります。

（1）段ボールの仕様と価格

まず、段ボールの種類、フルートの種類、箱の形式を確認します。段ボールの材料費や加工費は、通常1m^{2}当りの単価として見積をされ、材質・使用面積・シート単価・箱の形式・ロット数などで決まります。シートはコルゲータと呼ばれる機械でつくられ、シートの幅は、950mm～1,800mmの範囲なら50mm間隔で加工できるので、ロスを最小にする幅を選びます。ただし、両端で合計14mmのロスを考慮しておく必要があります。

製箱費は、ロット数の影響が大きく、1000台なら100台の約半分の単価になり、1万台なら100台の3分の1くらいの価格まで安くなります。付属品の小物加工や貼り加工も、同じく1m^{2}当りの単価で見積をされ、小さくて数量が少ないほど高くなります。抜き加工・ステッチ止め・テープ止め・ラベル貼りなどは、一点当りの単価で見積をされ、トムソン抜きの型代などは

別途償却します。印刷は単色が基本で、色数が増すごとに高くなります。版_{はん}
代_{だい}などは24か月償却で単価に上乗せするか、一括償却します。

　段ボールの設計は、中に入れる製品や付属品、落下テストの条件、材料取
り、印刷などと配慮すべきことが多く、専門性と経験が必要で、外部へ丸投
げしている企業も多くあります。軽量物の運送費は、通常大きさ（才数_{さいすう}）で
決まるため、原価低減には小さい設計も大切です。

6 木材・木質材料の基礎知識

　木を原料とする材料に関しては、木材と木質材料の分類を理解する必要が
あります。

（1）木材

　木材とは、建築部材や家具等のために利用できる大きさに成長した立木を
伐採し枝を払った樹木の幹の部分をさし、一般的には原木_{りゅうぼく}（伐採して加工前
の木）と呼ばれています。原木の皮を剥いだり、一部を加工して利用する磨
き丸太、ログハウス用材、化粧梁、土木用杭等として利用されます。

（2）木質材料（巻末資料15）

　木質材料とは、原木から加工された材料をさまざまな加工技術を利用して
再構成した木製品をさします。加工技術として接着剤を用いて製造されたも
のは、面材料や軸材料になり、建築部材や住宅部材、家具用に使用されます。

（3）製材品

　木材を原料として加工し製品化されたもののうち、接着剤などで貼り合わ
せをしない製品を製材品を呼びます。

　JASの「製材の日本農林規格」第一条に「原木等を切削加工して寸法を調

整した一般材を製材と総称する」と定義された木製品が製材品に当ります。

製材品としては、角材にした柱や梁などの軸材料と板材に加工した天井板、床板、壁板などの面材があります。

（4）木質材料の分類

一般的に、原木（丸太）を加工し用途別に開発した材料や建築廃材などの材料をうまく利用してつくり出す材料で、加工により下記のように分けられます。

軸材といわれる材料は、住宅を構成する柱や間柱、壁材などに使われる無垢材や集成材をいいます。その中で板材を各層で交互に直交するように積層接着した厚型パネルの直交集成材（CLT：Cross Laminated Timber）があります。

また、面材といわれるテーブルの天板やベニヤ単板を積層してできる板材の合板や平行合板（LVL：Laminated Veneer Lumber）などがあります。さらに面材としてチップや繊維をプレス加工してできるパーチクルボード（PB：Particle Board）、中密度繊維板（MDF：Medium-Density Fiberboard）や配向性ストランドボード（OSB：Oriented Strand Board）などがあります。

木質材料を素材の大小で区別すると**表2-1**のようになります。

表2-1 木質材料の素材と用途

	集成材	LVL	合板	OSB	PB	MDF
素材	大 ⟵　　　　　　　　　　　　　　　　　　　⟶ 小					
素材名	挽き板 （ラミナ）	単板 （ベニヤ）	単板 （ベニヤ）	木材小片 （ストランド）	木材小片 （チップ）	木質繊維 （ファイバー）
軸面材	軸材 面材	軸材 面材	面材	面材	面材	面材
用途	-大規模建 　築物用材 -柱材 -間柱材 -カウンター・ 　階段用材 -造作材	-柱材 -間柱材 -建具用芯材 -クローゼッ 　ト扉芯材	-フロアー 　用台板 -化粧用台板 　芯材	-枠用芯材 -壁下地材	-建具・家 　具用芯材 -低メラ・ 　高メラ用 　台板	-建具・家 　具用台板

（5）加工法

1）木材、木質材料の加工工程

　木材の加工工程は、鋸などで挽いて行うのが一般的です。

　木質材料の加工工程は、大きく合板類、集成材類、チップ、ファイバーの圧縮に分けられます。

　これらの木質材料を構成する材料や製造工程を理解することは、材料情報、原価情報、製造技術情報などをつかみ、価格交渉を有利に進めることにつながるため重要となります。

　主な木質材料の製造工程を以下に示します。

- **集成材の製造工程（巻末資料16）**：製品サイズに近い大きさに製材加工した木材を、貼り合わせてブロック化し、軸材や板材に加工する工程

- **合板の製造工程（巻末資料17）**：原木をかつら剥きにした単板（ベニヤ）に接着剤を塗布し、直交（交互）に数枚重ねて熱圧し、板状に加工する工程

- **LVLの製造工程（巻末資料18）**：原木をかつら剥きにした単板（ベニヤ）

に接着剤を塗布し、平行（同じ方向）に数枚重ねて熱圧し、板状に加工する工程

- PBの製造工程（**巻末資料19**）：木材をチップ化して接着剤と混合させ、熱圧し、板状に加工する工程

- MDFの製造工程（**巻末資料20**）：木材を繊維状にして接着剤と混合させ、熱圧し、板状に加工する工程

- OSBの製造工程（**巻末資料21**）：木材をチップ化して接着剤と混合させ、方向性を持たせて熱圧し、板状に加工する工程

2）木質材料を活用しての加工工程

　木質材料をベースにして、その表面に化粧処理を行う（表面加工処理）ことで、化粧板や塗装の商品へと変化します。そのベース材料には、合板、PB、MDFがあります。

　一般的に使用される加工商品を以下に示します。

- **化粧合板**：合板基材に塗料、シート、紙などで表面を化粧したものをいい、合板、表面材に接着剤を塗布し、熱圧するのが一般的

- **化粧MDF**：MDF基材に塗料、シート、紙などで表面を化粧したものをいい、MDF、表面材に接着剤を塗布し、熱圧するのが一般的

- **化粧パーチ**：PB基材に塗料、シート、紙などで表面を化粧したものをいい、PB、表面材に接着剤を塗布し、熱圧するのが一般的

- **低メラパーチ**：紙シートにメラミン樹脂を含浸（がんしん）させて、それを通常1層、低圧の熱圧でPBに貼りつけて生産されるのが、低圧メラミンシート貼りPB（低メラパーチ）

　加工工程を知ることで、ものづくりで発生するロスなどに注目することができ、コストを抑えることなどを把握し、交渉時に活用できる知識が身につきます。

　木質材料関係の用語と構成・用途特性に関しては、**巻末資料22**を参照してください。

2-3 材料ロス

　生産に使われる各種材料に、材料ロスはつきものです。しかし、利益確保のためには、材料ロスのミニマム化が重要な課題となります。見積書に「不良率3%」「不良引当5%」と記してあったら、調達・購買担当者は、そんなものかとパターン化して対応するのではなく、十分意識した対応を心がけてください。どんなところに材料ロスが出やすいかを知り、意識してロス削減に努める必要があります。

1 材料ロスの種類

　材料ロスを大別すると、以下の5つにまとめられます。

① **歩留ロス**：材料を加工する場合に出る有効利用できない部分のロス（金属加工のスケルトンや切り屑、成形加工のスプルーやランナー、品種や材料切り替え時のロスなど）

② **工程不良ロス**：生産工程での加工ミスや不適切な取り扱いによって発生する、良品として扱うことのできない状態のロス

③ **不要品ロス**：まとめ買いによるロス（今後の使用が見込めない材料）

④ **在庫不良ロス**：在庫管理中の不適切管理による不良ロス

⑤ **不要品購入ロス**：指示ミスや判断ミスによる購入時のロス

　調達・購買では、通常、材料ロスを見込んだ量での発注が行われます。歩留ロスや生産工程で発生する不良品については、バリューエンジニアリング（VE：Value Engineering）や品質対策で対応しますが、その他のロスについ

ては調達・購買担当者が努力して改善すべき対象だといえます。環境問題への対応からも、材料・資源を大切にして、廃棄物を出さないようにすることが重要です。

2 材料ロス削減のための「現場確認」

見積書に書かれた不良率・歩留率が正しいかどうかは、現場の実態を自分の目で確認し判断する必要があり、その手順を示します（**図2-3**）。

① 最初に現場で加工された部品の1個当りの重量を秤で測定

② 材料屑の重量も秤ではかり、部品1個当りのロスを測定

③ 生産記録から、その材料の月間材料使用量を算出

④ 生産記録から、その部品の月間良品生産数を算出

⑤ 上記の③を④で割って、「1個当り実際使用量」を計算

⑥ 上記の①を⑤で割って、その材料歩留を計算

⑦ 上記の⑤から①を引いて、その材料ロスを計算

⑧ 見積書の不良率や歩留率の算出方法を確認

以上から、見積書に書かれている不良率・歩留率が正しいかを判断します。また、改善活動の後には、どれだけロスが削減されたのか、材料費がいくら安くなったのかも数値で確認します。

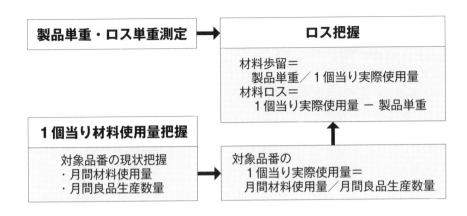

図2-3　材料ロスの確認

3　材料ロス削減の事例

（1）MFCAの活用

　マテリアルフローコスト会計（MFCA：Material Flow Cost Accounting）とは、材料歩留や不良などによる材料ロスだけでなく、切り替えロス、稼働ロス、エネルギーロスも含めたさまざまなロスをコストとして計算し、改善余地や効果を金額で表すしくみのことで、これを活用してロス内容を分析し、ムダを探します。

　現場確認だけではロス内容や原因が十分把握できない場合、製造工程で発生する材料ロスや稼働ロスのデータを取り、原因を分析・追求し、改善する手法です。

（2）金属材料の歩留ロス削減

　プレス部品に使用される金属材料は通常、定尺材、スケッチ材、フープ材のどれかで納入されます。

　鋼材の定尺材は、3尺 × 6尺（914mm × 1829mm）または4尺 × 8尺

（1219mm × 2438mm）の定尺規格で納入され、これら定尺材から何個の部品が取れるかで歩留まりが決まります。

定尺材では歩留率が悪い場合、コイルセンターと調整して、希望する寸法にカットしたスケッチ材として納入してもらうことができます。単位重量当りのコストは定尺材より高くなりますが、歩留率が大きく向上すれば、部品1個当りの材料費は削減できます。

また、部品加工数が増え、加工自体を自動化する場合は、フープ材として納入してもらいます。フープ材は母材コイルからユーザーが希望する材料幅に切断した後に一定重量で巻き取られた材料で、順送金型を使った自動プレス加工に使用されます。さらに、順送金型での設計時には、材料取りの工夫を徹底し、歩留率を向上させることが重要です。

鋼材以外の金属材料の場合、定尺寸法は違いますが、歩留ロス削減の考え方は同じで、歩留率を向上させるためのITツール（コストオプティマイザーなど）も市販されています。

（3）成形材料の歩留ロス削減

プラスチック部品の材料使用量の削減にあたり、一番大事なことは、部品設計において部品の薄肉化と肉厚の均一化を図ることです。これは部品1個当りの材料使用量を削減するだけではなく、成形サイクルタイムの短縮や不良の削減にも大きな効果を上げます。

そのうえで歩留ロスを減らすには、樹脂が成形機のノズルから部品に流れ込む入り口（ゲート）までの間のロス（スプルー・ランナー）を最小化することです。ロスを最小にするには、スプルーおよびランナーの径が細く、長さも短くなるよう工夫する必要があります。

成形材料の種類と部品の仕様によっては、ロスとなったスプルーおよびランナーを粉砕して、次に使用する材料に一定割合で混合させる方法があります。ロスになった材料をリサイクルすることで歩留率を改善させる考え方で

す。具体的には、成形の加工性や部品品質を確認しながら、リサイクル材の混合比率を高めていきます。

　さらに、部品の成形数が多く、金型に投資をしても採算が取れると判断できる場合には、ホットランナー金型を採用して、スプルーやランナーをなくすこともできます。つまり、スプルーおよびランナー部分の金型にヒーターを入れて、スプルーおよびランナーを硬化させない方法です。

（4）木質材料の歩留ロス削減

　木質材料加工時の材料ロスを減らすには、「木取りロス」を最小限に抑えることです。木取りロスとは、木質材料の定尺サイズから部品が何個取れるかを検討した結果として発生する端材をさします。この端材としてのロス発生を最小に抑えれば、部品コストを引下げることができます。

2-4 取引の基本ルール

1 購買先との取引について

　購買活動にともなって、購買先の納期遅れや、不良品の発生、発注漏れや発注数量の誤り、コストの上昇などによって、今までに築いた顧客との良好な関係を失い、企業活動全般に重要な影響を与える問題が発生する可能性があります。これらの諸問題を未然に防ぐためにも、購買先との友好な関係を築くことが大切です。以下に留意点を記載します。

- 購買先は、真に顧客の求める商品づくりをめざすための共同製作者と考えること
- 購買先とは、相互信頼に基づき、相互の研鑽と協力による真の共存共栄を実現すること
- 購買先には、自社の特長を活かし自主責任経営を推進してもらうこと
- 内外作の決定にあたっては、製造力強化を意識し、適切な生産分担になるように、経済的・社会的影響も考慮して長期的観点から検討すること
- 購買先の選定にあたっては、国内外への門戸開放と機会均等を前提とすること
- 品質、価格、納期、環境、サービス、技術開発力、提案力を視点に評価すること
- 経営基盤の安定性、経済的合理性および経営者の経営に対する考え方、姿勢等の評価基準に基づいて選定すること
- 調達・購買部門は、国内外において国際競争力を有し、最適生産地にある購買先を開拓、選定すること

- 取引の継続について、定期的な評価と見直しを実施して、購買先の経営実態を把握分析すること
- 購買先に対しては、自主性を尊重しながら、必要に応じて経営に関する助言と製造力強化のための支援を行うこと

2 購買先の選定基準

購買先の選定にあたっては、次の各項目を基準として、公平かつ公正に評価することが必要です。

- 会社の経営方針を理解し、常に積極的な連携を保ち、協力的であること
- 経営基盤が確立しており、社会的信用があること
- 反社会的勢力、団体に属さず、公正な取引を行えること
- 技術水準が高く、常に技術革新に対処し得ること
- 品質規格に合致した資材等を的確に供給できること
- 価格に国際競争力があること
- 納期が確実で安定していること
- 環境保全活動が積極的に推進されていること
- トラブル発生時などのアフターサービスが万全であること
- 機密保持が確実に行えること
- 購買先として最適地であること
- その他、契約条件の履行に誠意のあること

購買先の決定は、上記の評価基準に基づいて、関係部門との合議を得ることが重要です。また、新たな購買先を選定する場合は、必要に応じて関係部門と調整するなど抜け落ちがないようにすることが重要です。そして、採用しなかった購買先に対しては、その理由を通知する必要があります。

3　取引の開始手続き

　取引の開始は、企業にとって重要な決定です。購買先の内容次第では自社にとって大きな損害をこうむることもあります。安易に取引を開始した結果、購買先の倒産で支給部品の回収不能、貸与品の差し押さえ、資材調達不能による商品の供給不足などで、機会損失やさまざまな問題が発生することもあります。

　取引の開始にあたっては、公正、公平、国内外無差別を基本に、購買先の業容、その他経営の内容を把握するとともに、必要に応じてすでに取引のある会社に意見を求めるなど、抜け落ちがないようにする必要があります。

　以下に必要項目を記載し、**図2-4**に取引開始手続きの流れを示します。

- 購買先との取引開始にあたっては、購買先の製造現場を直接調査し、品質管理、生産性などについて十分確認すること。また、経営者と面談し、経営方針や経営実態を確認すること

- 必要な場合は、取引開始に先立ち、数か月間の試験取引を行い、品質や納期の状況を確認すること（この場合は、必ず購買先に対し試験取引である旨を明示すること）

- 取引開始にあたっては、原則として取引基本契約書、品質保証協定書、覚書の締結など、所定の手続きを行うこと

- 取引契約については、所定の契約書により、購買先に対して事前に説明し、合意を得ておくこと

- 取引開始にあたっては、下記資料を準備すること
    - ・購買先概況書
    - ・購買先評価表
    - ・グリーン調達評価表
    - ・環境合意書（禁止物質不使用保証書を含む）

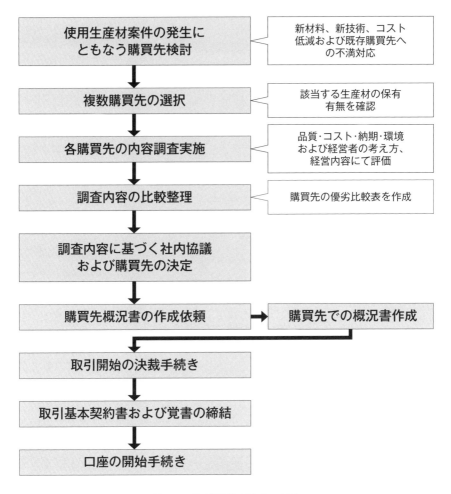

図2-4　取引開始手続きの流れ

4 取引の中止

　取引は、中止せざるを得ないことがあります。自社に不利益な行動や損害、名誉毀損を与えたときには、企業として当該購買先との取引関係を停止することが必要になります。

　調達・購買担当者は、購買先に対して常にその動向に気を配る必要があり、

以下の事態が発生していると判断したときは、上司と相談し、勇気を持って対応することが必要です。そのためには、購買先への定期的訪問は、欠かせない行動です。

- 経営状態が悪いとのうわさを聞いたとき
- 仕事が忙しくないはずなのに、経営者が会社にいつもいないとき
- 購買先社員の仕事ぶりが、落ち着きを失っているように見えたとき
- 納期の遅れや品質異常が多発しているのを注意しても、解決の誠意が見えないとき
- 購買先から支払金額の前払い要請を2度以上受けたとき
- その他、経営状態や経営者の行動に不信感を抱いたとき

　購買先が倒産したときには、もちろん取引停止となりますが、対応としては倒産時の状況によってさまざまあります。具体的な対応策については、上司や経営者と相談のうえ、即座に行動を取る必要があります。

　相手方の了解を取ったうえでの支給部品や貸与品・技術関連資料の引き上げ、購買先の外注がある場合の対応、部材調達の早急な代替手段の決定、自社の支給材料供給元への連絡など、瞬時に判断して行う必要があります。これらの行動を短時間でこなすことの困難さはありますが、差し押さえ札が貼られるまでに行う必要があります。貼られてからでも、権利は主張できますが、タイミングを逸することによる機会損失の方が大きくなるのが通例です。

　支給品や貸与品の引き上げには、顔馴染みの調達・購買担当者が同行する必要があります。なぜならば、購買先の従業員から抵抗があった場合、これまでの人間関係によってトラブルの回避が可能となるからです。

　また、発注側の都合による取引中止が予想される場合には、購買先の経営に著しい影響を与えないよう配慮し、相当の猶予期間を持って購買先に連絡します。また、その善後策について誠意ある態度で臨むことが必要になります。

　さらに、選定基準に合致しないような事態が購買先に生じ、改善の誠意が認められないと判断される場合、あるいはその他やむを得ない事由により取引を中止しなければならない事態が発生した場合には、協議のうえ、決裁を得て中止の手続きを開始します。

　取引中止に対する日頃からの準備事項として、購買先への支給品や貸与品などの明細を常に最新状態にしておく更新管理が重要となります。

　なお、取引中止にともなう誓約書を互いに取り交わすことは、後々の問題発生を防ぐための有効な方法です。**図2-5**に、その文例を示します。

○○株式会社　　　○○様

【誓約書】

　当社は、○○年○○月○○日をもって、貴社との取引を終了するに際し、○○月○○日をもって貴社注文を全て完了し、納品致しますとともに、貴社より預かっております部品および金型、検査設備等を滞りなく返却致します。
　つきましては、貴社より○○年○○月○○日に支払いが予定されている売掛金額を受領することをもって、以後、貴社に対し、資金の支援要請や損害賠償請求、その他いかなる請求も行わないことを誓約します。

○○年○○月○○日　　　○○会社代表取締役　　○○

図2-5　取引中止の文例

5　購買先の評価・対応

　購買の原点は、購買先の選定と育成にあるといえます。　購買先評価の原点は、安定した品質の製品を、要求した価格で、納期どおり納入し続けていることです。具体的な評価法として必ず考慮するべき事項は、トータルで見た納入実績の評価です。

　価格は事前に設定されていますので、日々の評価対象は、主に品質と納期

に絞り込まれます。そのために、受入検査実績、クレーム返品件数、発注リードタイム、納期遵守率、欠品率などのデータ把握が必要です。

さらにこれらのデータを基にして、品質、納期、価格、取引条件を適切なタイミングで公正かつ総合的に評価し、評価結果を購買先に通知します。評価結果の悪い購買先に対しては、是正処置を要求したうえで、必要なら発注額を絞るなどの対処をし、場合によっては取引を停止します。

また、重要購買先に対しては、定期的かつ継続的な評価を実施します。年間の評価実施計画を作成し、計画に従って評価を行うのが有効です。

購買先の企業体質を評価する項目としては、経営全般、労務、技術力、品質力、コスト力、生産力、環境への取り組みがあります。

購買先の評価を実施する前に、自社の発注内容などの妥当性や、発注時期、納期指定の妥当性、発注の信頼性などを確認する必要があります。これは当然のことながら、自社の発注が悪ければ、購買先の納入実績も悪くなり、評価することの意味がなくなるからです。

購買先に対しては、品質、価格、納期、環境などの実績を基本とした評価を定期的に実施し、取引継続に対する見直しを行うことが重要です。具体的には、評価項目が経営全般や品質力・コスト力対応など多岐にわたるため、評価項目別に評価結果を点数化するなどを定量的に行い、客観的かつ公平な評価ができるようなしくみが必要です。

さらに、評価結果に基づき購買先をランク分けして層別管理を行います。各ランクに応じたアクションとして、育成ポイントを明確にした指導・強化の徹底、購買先の強みを生かした取引量の拡大、改善程度を見極めての発注量の削減などを検討し実施する必要があります。

よい購買政策とは、購買先をより強くすることを重視する政策です。

購買先の評価項目および評価方法の事例を**表2-2**に示します。

表2-2　購買先評価事例

企業体質評価			0〜5点評価（小数点以下切捨て）			
	評価項目	評価小区分	評価	評価点1	評価点2	平均
経営全般	経営者	①経営者 ②経営方針③後継者	0〜5			
	経営計画	①長期計画 ②財務計画	0〜5			
	納期管理体制	①管理体制 ②柔軟性	0〜5			
	対外信用		0〜5			
	将来性	①事業展開 ②事業継続 ③海外展開対応等	0〜5			
労務	人事施策	①人員補充 ②モラル ③労使関係 ④教育 ⑤賃金	0〜5			
技術力	技術方針		0〜5			
	技術力	①固有技術 ②専門技術	0〜5			
	生産技術力		0〜5			
	製造技術力		0〜5			
品質力	改善意欲		0〜5			
	評価技術		0〜5			
	品質保証体制		0〜5			
コスト力	合理化意欲		0〜5			
	価格低減への協力度		0〜5			
	コスト対策	①原材料 ②加工費③管理費	0〜5			
生産力	生産管理力		0〜5			
	生産能力		0〜5			
	労働安全衛生		0〜5			
環境	環境対応	①体制　②ISO取得状況	0〜5			
	事業環境配慮	地球温暖化対策としてのCO_2削減	0〜5			
	地域社会	地域社会への対応が円滑になされている	0〜5			
				合計		

※評価は最低2人以上の評価担当者が個別に評価し、各評価点を本表に転記のうえ、平均評価点を算出する。

		評価点（項目数）	個別ランク	決定ランク
1	平均評価点 （評価点合計÷22 小数点第二位以下を四捨五入） 4.5以上：A、　4.4〜3.0：B、 2.9〜2.0：C、　1.9以下：D			
2	評価点が0〜2の項目数 3以下：A、4〜6：B、7〜9：C、10以上：D			

2-5 発注先選定と価格決定

1 発注先の検討

　購買先評価で適切と判断された新規購買先、既存購買先に対して見積依頼をし、発注先の検討を行います。

　部材や製品の見積書を評価することは購買本来の仕事です。適切な購買を行うためには、自社の要求事項を明確にしたうえで、購買先に適切な依頼を行うことが重要です。見積依頼先からの質問には適宜回答し、不安材料を減らすことで、安価なよい提案を得ることができます。そのために調達・購買担当者は、社内の依頼者の意図を十分に把握し、内容を理解することが必要となります。

　見積書を評価する際に確認を必要とする事項を以下に示します。

- 見積書の受領管理と内容の要約
- 見積依頼に対する反応、対応
- 技術的要件や要求仕様を満たしているかの判断
- 見積明細がどこまで詳細かの確認
- 見積価格自体の分析
- 見積依頼先の対応能力と本気度の確認
- 輸送など詳細取引条件の確認

　また、新規資材に関しては、原則として2社以上に見積依頼を行い、比較検討することが必要です。このとき、自社が提示した見積条件が十分統一されていないと、見積先各社から異なる条件に基づいた見積が提示されること

になるとともに、結果的に見積先の信頼を失うことになります。これは、見積依頼時の重要な管理ポイントとして注意が必要です。

　各社とも、見積書の作成に多かれ少なかれ労力をかけており、調達側から見ると、見積書はさまざまな情報が得られる情報源です。したがって、選定に漏れた見積依頼先には、発注先を選定した後すぐに、採用しなかった理由を通知することが重要です。

　ここで、発注先の検討時に、新規購買先および既存購買先について留意すべき事項について以下に記します。

（1）新規購買先の開拓と選定

　新規購買先の開拓は、発注方針、新商品計画に基づき開始します。調達品の情報収集を行うとともに、調達したい品目における購買先の評価表を整理し、新規購買先の候補を選定します。候補が浮かび上がったら、既存購買先との比較検討を行います。

　既存購買先がよいのか、新規購買先がよいのかの判断は、品質、価格、納期をはじめ、多くの要因に左右されます。メリット、デメリットがあるため、選定は慎重に行う必要があります。

　新規の購買先を選定したら、初期評価結果を基に、社内の関連部門と協議し、決裁者の判断を仰ぐことになります。新規購買先として選定した企業には、可能な限りテスト発注を行います。実際に発注してみることで、納入品の品質、価格、納期、生産状況、契約面や物流など、継続して安定した取引ができる相手かどうかを見極めることができます。

　表2-3に新規購買先評価のポイントを示します。

（2）既存購買先の評価

　既存購買先を評価するうえで重要なことは、取引実績から判断して、品質、価格、納期について定めた目標を満たしているかどうかです。

　また、適正な購買先とは、発注側の要求する品質を満たす資材を、必要とされる数量と納期に従って、受入可能な価格で、継続的に提供できる企業です。調達・購買部門としては、自社の取り扱う資材全般について、このような購買先を常時、複数確保しておくことが必要です。

　そして、購買先別、品目別の過去の不良率、納期遵守率、欠品率、原価低減率などの推移を確認することで、購買先としての信頼性が改善しているのか、悪化しているのか、などを計ることができます。また、上記判断条件を満たしていくためには、購買先の体力、すなわち、経営の健全性が重要です。経営データの定期的な分析によって健全性を確認していくことが必要です。

表2-3　新規購買先 評価のポイント

新規購買先の選定では、以下の評価項目や評価軸を考慮しつつ、自社が新規購買先に期待する位置づけや目的を明確にしたうえで選定する。

評価項目	評価軸
技術力	商品技術力、生産技術力
生産体制	生産能力、生産管理力
品質管理能力	品質保証体制、品質実績
コスト力	コスト競争力、価格低減意欲
納期管理能力	納期対応力
環境対応	体制、法令対応力
経営全般	経営姿勢、財務力
法令遵守	情報セキュリティー、危機管理

2 発注先の選定

　発注先の選定は、見積書を取得後、詳細見積書にて査定し、価格交渉を行った結果で選定することを基本とします。

　価格交渉後、見積依頼先の各社に対して、最終提示価格であることを確認したうえで購買先を選定します。選定されなかった会社に対して結果を連絡すると、最終提示価格である旨を確認したにもかかわらず、決める前に連絡がほしかったといわれるケースもあります。これは、「他社より安くするのであれば発注します」という申し入れを期待しての発言です。

　調達の都度安くなればよいという考え方もありますが、他社の価格に合わせる戦略をとる購買先は極限まで詰めた価格を出さないものです。結局、低価格を提示しても失注する購買先は離れていき、他社の動向に合わせるだけの購買先だけが残ってしまえば、価格は高止まりします。

　調達側としては、信頼できる購買先に残ってもらいたいのですから、調達側自らも購買先から信頼される行動を取る必要があります。他社の見積価格を漏らして交渉することは、避けなければならない行動です。

　また、見積書の諸経費をすべて値切りの対象と考える調達・購買担当者もいます。諸経費には言葉通りの経費に加えて購買先の利益が含まれており、さらに材料費、加工費の内訳にも利益が含まれることがあるため、適正に査定すべきです。

　その反面、ビジネスの基本は利益追求であり、購買先が利益を上げられなければ償却済の設備でしか生産ができないか、あるいは新製品・新技術の開発費を負担できないことになります。その結果、購買先が市場から撤退することにもなりかねません。また、供給企業の数が限定される資材で購買先の撤退が生じると、競争が縮小し、調達側の購買力が相対的に低下します。

　購買先と調達側が、折り合える着地点を探す姿勢が必要となります。

3　発注手続き

　発注手続きとは、一般に、調達・購買部門が開発部門などからの購入依頼書を受け付けてから契約にいたる一連の活動をいいます。

　開発部門からの購入依頼書に記載されている納期は、往々にして余裕がありません。その納期に間に合うように、実際に購買先を選定し契約にこぎつけるまでには、社内の確認、調査を含め、多くのステップを経る必要があります。日常からの継続的な購買先調査は、すぐに購買先の選定に取りかかるために必要な活動です。

　たとえば、購入依頼書が出されてから購買先各社の品質、納期、価格に関する実績調査を始めるようでは、納期に間に合わせることはできません。あるいは、調達頻度が少ない資材などの場合、いざ調達をするというときに当該品目の既存購買先が撤退していたということもありえます。このような場合に備えて、既存の購買先の状況を継続的に確認するとともに、新規購買先を開拓し採用していくことも必要となります。

　また、資材の種類によっては、市場での価格変動が大きく、購買価格に大きく影響を与えるものもあります。このことを考慮すると、継続的な市場調査は原価低減や納期確保に役立つ活動だといえます。

　たとえば、資材市況が締まってきている場合、価格上昇とともに納期が長期化することも多いので、関係部門に対して必要な調達を前倒しで実施するように働きかけることも、調達・購買部門に期待される重要な役割のひとつです。このような市場調査業務は、購買部門の日常業務として行うほか、新規購買先の選定業務の中で並行して行う場合もあります。日頃より、広く情報収集を行い、一連の手続きとしての発注手続きの流れを把握し、徹底することが重要です。

　発注手続きがどのように流れるかの業務フローを**図2-6**に示します。

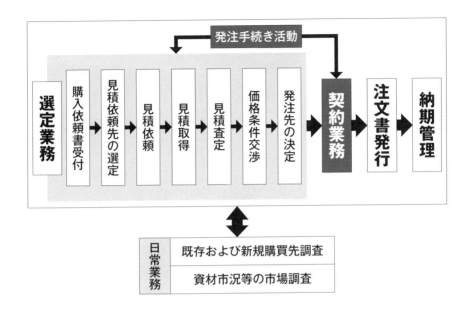

図2-6 発注手続きの業務フロー

4 価格決定にいたるまでのプロセス

　価格決定プロセスで最初に行うことは、調達資材の内容に応じて、要求品質、数量、納期に対応できると判断した企業複数社を、見積依頼先に選定することです。そして、見積条件を明記した見積依頼書を発行します。これに基づいて作成された見積書で、各社が品質・数量・納期の要求を満たしていることが確認できれば、残る要素は価格ということになります。つまり、最終的な判断基準は価格なのです。価格決定には、2つのケースがあります。

　① 新規に調達する部材、製品の場合

　② 現状の部材、製品コストを低減する場合

　価格決定の進め方は、企業それぞれに規定化されていますが、基本的なも

のをまとめると、**図2-7**のようになります。新規部材の価格決定は、往々にして製品開発者に委ねられていることが多いのですが、自社の購買政策を徹底するためにも、調達・購買担当者が初期段階から購買先選定や価格交渉に関わりを持つことが重要です。そのためには、多くの知識と情報を常に準備しておく必要があります。また、知識や情報に加えて、人的交流も欠かせない要素です。

　上記は見積による価格決定方式ですが、これとは別に入札による価格決定方式があります。代表的な入札方式について以下に説明します。

　まず、一般競争入札は新規参入が容易な方式で、競争原理が最も強く働く入札方式です。購買先数が多く、標準的な仕様のものを発注する際に用いられます。しかし、品質、納期などの面で、信頼性に欠ける企業が選ばれることを排除できないという欠点があります。

　もうひとつは、一般競争入札の欠点を補いつつ、競争原理の確保をめざした指名競争入札です。ただし参加者が指名され固定化することにより、競争原理が働きにくくなる恐れがある方式です。

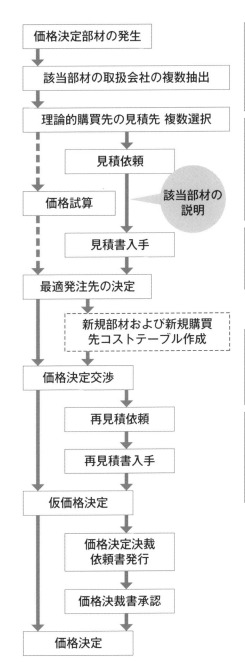

価格決定部材の発生

該当部材の取扱会社の複数抽出

理論的購買先の見積先 複数選択

見積依頼

価格試算

該当部材の説明

見積書入手

最適発注先の決定

新規部材および新規購買先コストテーブル作成

価格決定交渉

再見積依頼

再見積書入手

仮価格決定

価格決定決裁依頼書発行

価格決裁書承認

価格決定

該当取扱会社の抽出調査法：
① 現購買先に該当・類似するものはあるか
② 各種情報からさらに優れた技術・コスト保有会社はないか

理論的購買先とは：
① 従来からの重要購買先
② コスト的に最適と考えられる購買先
③ 新材料・最適加工技術を保有している会社

価格試算とは：
① 自社保有コストテーブルを使った試算

新規コストテーブル試算と価格交渉：
① 新規コスト要因にからむ価格交渉

コストテーブル算出以外の価格交渉：
① 該当部材の今後の使用量の展開期待
② その他取引量の展開期待

図2-7　価格決定の進め方

2-6 調達リードタイム

1 調達リードタイムとは

　リードタイムとは、「ある目的のためにかかる期間」のことです。「ある目的」とは生産や購買であったり、販売であったりします。つまり、すべての企業活動がリードタイムの対象になるといえます。その意味で、リードタイムは、ものづくりにおける最重要キーワードのひとつなのです。ここでは、調達リードタイムについての説明をします。

　買い手から見たリードタイムには、製造リードタイムと、調達リードタイムがあります。製造リードタイムとは、注文を受けてから、製品をつくり、納入するまでの正常な取り決め期間をさします。リードタイムの考え方について**図2-8**に示します。リードタイムの基本構造を理解し、調達活動の中で活かすことによって、必要とされる納期実現を図ることが重要です。

　また、取引の継続・維持を確実なものにするために、短納期対応が必要不可欠な条件として強く求められる現在、受注処理や出庫処理のリードタイムも重要な要素になってきているといえます。つまり、短納期調達や、生産性の改善が積極的に進められている状況において、特に業務処理スピードの重要性が大きく脚光を浴びるようになってきています。

　注文内容を正しく，一刻も早く処理し、購買先相手の受注担当者に知らせるしくみをいかに構築しているか、さらに、そのしくみを忠実に実行しているかが重要となります。それによって購買先相手の信頼が得られ、安定した調達納期も確保できるようになります。

　納期管理とは，約束した納入期日に購買先が納入してくれるように管理す

ることであり、管理指標として納期遵守率が用いられます。納期トラブルの原因は，購買先側，発注者側の双方にあり得ます。購買先側の問題としては生産能力、管理能力、調達ミス等があり、発注者側での問題としては、急な計画変更、管理能力等が挙げられます。

　納期管理は、発注、受注双方で努力することが重要で、事後処理から事前管理を行えるよう、早めの確認と対策を、常日頃より購買先と構築していくことが重要です。

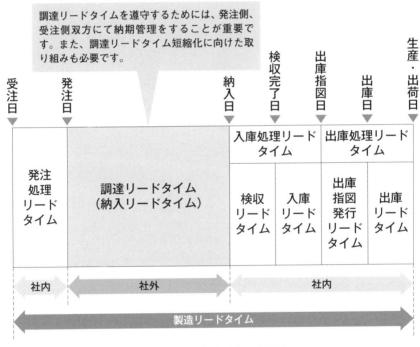

図2-8　リードタイムの考え方

2　計画生産における調達リードタイム

　資材所要量計画（MRP：Material Requirements Planning）をはじめ、多くの企業において主流となっている生産方式は，決められた納期に決められ

た数量を生産する計画生産です。生産製番を用いて，工程ごとにロット生産を繰り返していく方法ですので、部材もそのタイミングに合わせて、ロットでの調達が行われます。この場合の調達リードタイムは、部材メーカーに情報を伝達してから、生産、納入されるまでと定義することができます。

また計画生産では、計画に変更が生じると、部材メーカーにおける生産状況との調整や、自社における他製品の生産との調整など、多くの手数が必要となります。

3 平準化生産における調達リードタイム

生産の平準化が進み、日当り生産が実行されている場合は、毎日同じ数量の生産が実行されますので、計画生産時のロット生産に比べて情報リードタイム、生産リードタイムを考える必要がなく、納入リードタイムのみで管理ができ、リードタイムの短縮化が可能になります。

平準化生産では、計画に変更があっても、1回当りの納入量を若干増減させることで対応ができるため、変更の影響は少なく、調整の手数もほとんどかかりません。**図2-9**に，計画生産および平準化生産それぞれにおける調達リードタイムの考え方を示します。

ここで、忘れられがちなペーパーリードタイムについて説明します。ペーパーリードタイムとは、帳簿への記帳や情報伝達などの事務処理に必要とする時間や会議での決定待ち、コンピュータ処理待ちなどの待ち時間をいいます。一般的に、事務処理は一括処理で行われるため、待ち時間（リードタイム）が発生します。

待ち時間への対処としてはITの利用が有効で、リアルタイムに記帳処理を行うことで、同時に必要部署すべてに情報が伝達できるようになり、ペーパーリードタイムの短縮を図ることができます。

計画生産における資材調達リードタイム

資材調達リードタイム ＝ 情報リードタイム ＋ 生産リードタイム ＋ 納入リードタイム

情報リードタイム	自社からの発注情報が購買先で受理され、生産計画につながるまでの期間
生産リードタイム	購買先における作業時間（資材調達、検品、梱包、出荷処理などの時間も含む）
納入リードタイム	購買先から自社へ納品されるまでの期間

平準化生産における資材調達リードタイム

資材調達リードタイム ＝ 資材納入頻度（何日に1回の納入か）

図2-9　調達リードタイムの2タイプ

4 発注方式

　発注方式および発注量の決定にあたり、調達リードタイム管理は非常に重要となります。調達リードタイムが短ければ、在庫量を抑えることができます。

　発注方式は、1回当りの発注量と発注する時期によって、定量発注と定期

発注に大別されます。事業の内容や在庫品の種類に応じて適切な方法を選ぶことになります。**図2-10**に定量発注方式，**図2-11**に定期発注方式のイメージを示します。

（1）定量発注方式

　あらかじめ決められた発注点、つまり安全在庫量を切った時点で、決められた発注量を発注する方式で、発注点方式とも呼ばれています。発注時期はバラバラになります。

　この場合の安全在庫量は、発注してから納品されるまでの期間に消費が予測される量となるので、納入リードタイムの把握が重要となります。また発注の都度、発注量を算出する必要がないため、在庫をある程度持っても管理の手間を削減したい多品種少量品に対して適用されます。

　発注点は、「調達期間×平均需要量＋安全在庫量」の式で過去の実績に基づいて設定されますが、需要のバラツキが大きい場合や、不規則な場合は、欠品や過剰在庫のリスクが発生します。定量発注方式の利点・欠点は次のとおりです。

1）利点

- 発注量が一定であるため、毎回発注量を計算する必要がない
- 発注点で自動的に発注するため、手配が確実になり、管理の手間が少なくてすむ
- 経済的ロットサイズによる発注量の設定が可能となる
- 定期発注方式に比べ、安全在庫量は少なくてすむ

2）欠点

- 発注時期が不定期なため、事前の計画が立てにくい
- 運用が形式的になりやすく、状況に応じた処置がとりにくい
- 納入リードタイムの長いものには向かない

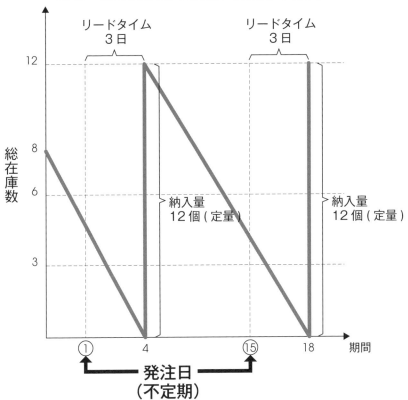

図2-10　定量発注方式のイメージ

（2）定期発注方式

　一定期間ごとに必要な資材を発注する方式です。生産計画からMRPなどで、一定期間分の必要量を算出し、それに安全在庫量を加味して発注量を決定します。

　安全在庫量は、生産計画の変動幅と発注期間から決定します。発注後に生産計画が変更されると、必要部品数を再計算して、追加や納期変更などの調整が必要となります。また、購買先の納入リードタイムが定期時期の発注で

は間に合わない場合、正式発注の前にリードタイムに合わせて発注内示を提示することになります。

定期発注方式は、鋼材や軸受など、比較的に高額かつ寸法の大きな資材に用いられていますが、購買金額で見ても品種数で見ても、定期発注方式での調達が大半となっています。さらに、定期的に発注量実績を把握することにより、今後の在庫計画として、どれだけの在庫量を持つ必要があるのかを明らかにするのが、定期発注方式での在庫シミュレーションです。

定期発注方式の利点・欠点は次のとおりです。

1) 利点

- 発注時期が一定であるため、事前の計画が立てやすい
- 発注サイクルを短縮することで、在庫量を削減できる
- 需要変動に対応しやすい
- 購入単価の変動が大きい場合に対応しやすい
- 多品目を一括発注することが可能なため、輸送コストなどの低減が可能

2) 欠点

- 品目単位に需要量の予測を行うため、管理に手間がかかる
- 経済的なロットサイズによる発注がしにくい

5 長期発注

調達は、当用買いが基本原則ですが、さまざまな理由と背景から長期発注をやむなく行うことがあります。

長期発注を行う必要がある場合には、その引取責任を明確にするとともに、経営者の決裁を得るルールにすることが必要です。また、注文の単なる見通しを連絡するだけの場合には、「情報」という表現を使用し、かつ引取責任を負わない情報である旨を明確にしておくことが重要です。

長期発注をする場合の事例として、ひとつは調達期間が長くかかるものの

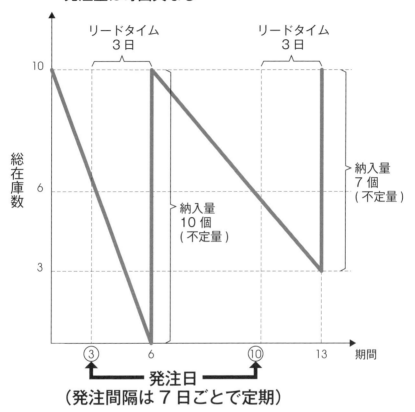

◆定期発注方式は、発注時期は一定で、発注量は毎回異なる

図2-11　定期発注方式のイメージ

確保、もうひとつは大幅な価格変動や不測の事態が予想されることへの対応としての見越購買があげられます。

　ひとつ目の具体例としては、調達予約にて確保するもの、たとえば、特殊鋼材や電子部品などがあり、量の変化の起こる可能性がある特殊なものが主たる対象になります。また、2つ目の具体例としては、戦争などによる素材の不足、需要急増による価格高騰、産油国組織による生産調整などが考えられます。

　長期発注は、経営者の決裁を受けるとともに長期発注に関する会社のしくみを熟知したうえで行うことが重要です。**図2-12**に長期発注のしくみ事例を示します。長期発注時には、少なくとも以下の7項目を明確にする必要があります。

- 目的と理由　　　・購入部材名　　　・購入量と金額
- 購入時期（分納か一括か）　　　　　・予測消費終了時期
- 保管の方法　　　・管理責任者名

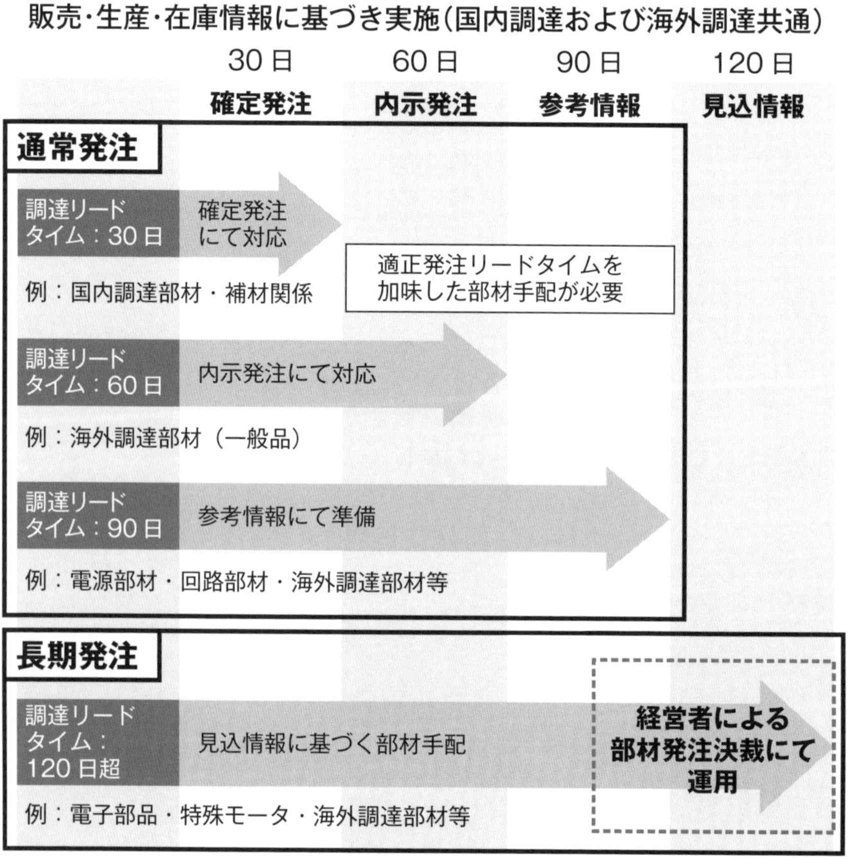

図2-12　長期発注のしくみ事例

2-7 契約

1 契約の意義・目的

　調達・購買における契約とは、企業間で結ぶ権利や義務に関する法律上の拘束力をもった合意であるということができます。

　契約によって「債権」「債務」が発生します。契約は守らねばならず、もちろん、簡単に変更や解除はできません。「債権」とは、当事者の一方が、相手方に対して一定の行為を請求することができる「権利」であり、「債務」とは、この権利である請求に応じなければならないという「義務」を意味します。

　契約によって発生した債権は、国家権力によって保護されるため、当事者の一方が契約上の債務を履行しない場合、国家権力により債務の履行を強制され、また、債務の不履行により相手方のこうむった損害を賠償させられることとなります。

　法律は、国家によって制定されます。法律を基につくられる政令や、条例などをまとめて「法令」と呼びます。法令がどんな人にも適用されるものであるのに対して、契約は当事者間にしか適用されません。一部の例外は、「強制法規」と呼ばれるもので、当事者間の契約に優先して適用される法令です。たとえば下請法がこれに当り、そのほかに労働基準法、特定商取引法、利息制限法などがあります。

　ここでは、調達・購買担当者に関わる取引基本契約および個別契約について説明します。

2 取引基本契約

　取引基本契約は、取引に関する共通事項を取り決めて契約内容として定めたもので、取引に関する基本的考え方、取引に関するルール、法律でカバーしきれていない部分の補完、下請法への対応などが含まれます。

　また、取引基本契約書には以下に例示するような内容が記載されており、双方合意の下に契約が結ばれて有効になります。

①契約

　まず「特約がない限りこの基本契約に規定する内容がすべての個々の取引について適用される」ことを明示し、「基本契約と個別契約」の関係や「個別契約の成立・変更」を規定

②支給

　材料支給、支給品の所有権、金型・治工具などの貸与、支給品や貸与品を無くしたり壊したりした場合の損害賠償などを規定

③納入

　納期、納期変更、受入などについて規定

④検査

　受入検査、検査基準などについて規定

⑤支払い

　代金額の確定、代金の支払いについて規定

⑥品質保証

　品質保証責任、瑕疵担保等について規定

⑦一般事項

　秘密保持、工業所有権などを規定

　なお、取引基本契約で互いに同意できない事項については、覚書を交わして対応します。争点となり覚書締結にいたることが多い項目は、次のような

特許、実用新案の取り扱いに関する事項です。

- 特許権の使用に関する問題と使用料支払
- 共同開発における特許権帰属の問題
- 相手方の外注企業での特許技術使用の問題

　取引基本契約書は、双方が記名捺印し、一通は自社にて、一通は購買先にて保管されます。

3 個別契約（注文書・請書）

　発注に際しては、個別契約としての注文書を発行する必要があります。必ずしも書き物としての注文書でなくても、磁気記録媒体の交付、あるいは通信回路を通じての通知などにより、これに代えることができます。

　また、次に示す場合には、購買先より注文請書を受けて契約締結の確認とする必要があります。

- 固定資産、輸入資材の調達契約
- 品質、数量、価格、納期、受渡場所などについて、後日問題の生じる恐れのある契約
- 継続ではなく一時的な取引であっても、必要と認められる契約
- その他、必要と認められる契約

　日常業務の中で取り交わされている注文書、請書は、個別契約と呼ばれるように、立派な契約書の一部であることを十分認識する必要があります。発注に際して、注文書には下記の事項が明確に記載されている必要があります。

- 品名、購買先名、発注量、単価、納期、発注年月日
- 品質規格または仕様書、受入検査完了日、荷姿（にすがた）
- 受渡方法、受渡場所

- 支払条件、支払期日
- その他、必要条件

　また、関連する事項として、新規の取引開始に際しての必要書類には、次のようなものがあります。
- 金銭受領印鑑届
- 支払いに関する通知書
- 購買先実態調査表

　図2-13に取引基本契約と個別契約についての関係を示します。

◆**取引基本契約**（取引について共通事項を取り決めた契約）
　・取引に関する基本的考え方
　・取引に関するルールを明確にし、問題発生の未然防止をする
　・法律でカバーしきれていない部分を補完する
　・下請法等への対応

◆**個別契約**（具体的取引時に決定する事項を定めた契約）
　・個別契約は取引基本契約の中に包含される

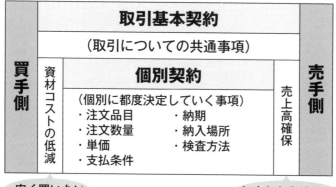

図2-13　取引基本契約と個別契約

2-8 在庫管理

1 在庫管理のルール

在庫管理とは、部材計画に基づいて取得された原材料や、生産計画に基づいて生産された仕掛品、および、製品の入庫、保管、引き当て、出庫の一連の業務を効率的に行うための管理業務をさします。

在庫管理に関するルールは、定義や手続きがその主な内容で、従業員のやりとりを円滑にすることを目的として決められるものです。

具体的には、以下のことを規定します。

- 商品、製品、仕掛品、原材料などの言葉の定義
- 棚卸資産の受入、管理、廃棄の方法
- 棚卸資産の評価方法
- 棚卸資産の管理に関する権限

これらは、会社ごとに独自に定めるものですから、当然ながら、会社の事業内容や経営戦略に沿ったものでなければなりません。

ここで管理される対象である在庫の種類を明確にしておきます。

（1）必要な在庫

1）回転在庫

期間内に消費される在庫のこと。

2）安全在庫

需要変動または補充期間の不確実性を吸収し、生産を円滑に行うために

必要な予備在庫のこと。

3）政策在庫

　需要変動が予測され、その変動に先行して用意される在庫（各期末時の需要増を見越して調整される季節在庫など）のこと。

（2）不必要な在庫

1）過剰在庫

　消費される具体的な計画を当面持たず、回転在庫を超えて保管されている在庫のこと。

2）不動在庫

　生産および販売が中止された製品、または、すでに今後の販売需要を見込むことができない製品、原材料などの在庫のこと。

2　在庫管理

　在庫を管理する必要がある最大の理由は、在庫はすべて売れるとは限らないということです。売れ残った在庫や使い残しの在庫はお金に換えることができず、最終的に会社の損失となります。その損失を最小限にするために在庫管理が必要なわけです。

　どのような方法で、適切に保管し、タイムリーに出庫するかを考えて、最大の目的である業務全般の効率化を達成します。在庫は利益を生みません。

　仕入れから販売までの期間が長ければ長いほど、現金が倉庫内に眠ったままになってしまいます。また、長期間保管にともなって、品質が劣化する可能性も高まります。そのため、効率的な在庫管理が必要となり、欠品や入出庫業務にともなうミスなどを防止するため、「見える化」や5S（整理、整頓、清掃、清潔、躾^{しつけ}）の徹底が求められます。

（1）在庫管理の役割

在庫管理の役割として、次のようなものがあります。

- 部材ごとのピッキング動線も含めた整理、配置
- 保管場所の明確化および配置図の作成
- 設計部門および調達部門に対する在庫情報の提供
- 先入れ、先出しを意識した配置
- 部材性能を維持するための倉庫環境の整備、維持

　在庫管理で最も重要なのは数量管理で、数量をひと目で管理できるしくみを構築することが必要です。最近では、生産の小ロット化で製番管理が実施しやすくなるとともに、在庫管理のIT化が進められているため、従来の一品一様の手書き棚札管理から、個人担当者ごとの端末管理へと変化しつつあります。

　生産部門や支給先への適切な量とタイミングの出庫は、統制の取れた管理の下で行われる必要があります。管理を個人の意思や勘に任せたのでは、製造ラインに与える損失は計り知れませんし、統制が取れた管理とすることで、担当者の作業や時間が効率的になります。

　帳票処理についても、帳票の整理と標準化を行い、IT化して、業務効率を上げることが重要です。IT化することによって、データベース処理がされるため、楽に早く確実な処理ができるようになります。

（2）在庫管理の機能

　在庫を持つことはすべて悪、あるいは、在庫ゼロが理想の在庫管理という考え方は極端です。在庫の持つ意味や機能を理解して、在庫を積極的に利用することが重要です。在庫管理の機能を列挙すると、次のようになります。

1）在庫の適正化

　原材料、仕掛品、製品などすべての種類の在庫の品目と数量を、適正規

模に維持し続けること（前提として、在庫量を正確に把握できること）。

2）正確な記録を持つ

在庫は、生産計画量を決定する要因であるため、正確な記録が必要です。

3）資産の価値を守る

長期在庫に起因する陳腐化、変質、発錆（はっせい）、減耗などによって在庫価値が減ることを防止します。

4）先入れ、先出しルールの徹底

入出庫の在庫移動をルールどおりに実行し、在庫コストを最小化すること。

5）トレーサビリティー

販売された製品が、原材料までさかのぼり特定できるように、記録を保持すること。

6）将来在庫の算定（在庫の紐づけと予定在庫）

紐（ひも）づけによる出庫予定および生産予定に基づいた完成品の入庫予定の算定（生産計画で必要とされる将来在庫の算定）のこと。

3　在庫削減の進め方

在庫削減は、改善活動によって実現されます。そのために、在庫削減の効果は改善活動を進める順序に従って生じてきます。

最初にやるべきことは、仕掛在庫を削減する活動です。そのための最も有効な方法は、生産の流れ化です。ロット単位でのまとめ生産、まとめ送りの方式を、1個流しを中心とした、停滞のない生産方法に変えることによって、仕掛在庫は劇的に減少します。

次に、部材在庫の削減です。これには、生産の平準化が効果的です。生産を平準化して行うことによって、部材調達の平準化も可能となります。すなわち、従来はまとめて購入していた部材を、小分けし多頻度に調達する方法に変更することによって平準化を実現するのです。単に、多頻度化を要求す

れば、部材メーカーは単価アップを求めます。ところが、平準化された調達計画だと、部材メーカーも生産しやすくなると同時に、物流面でもやりやすくなることから、単価アップなしでの多頻度化が可能となるのです。

　最後が、製品在庫の削減です。変動対応をタイムリーにこなすことが可能になった生産と市場を直結する生産計画方式の確立によって、製品在庫削減を図るのです。

　次に、在庫の削減活動について、**図2-14**に示す手順に従って説明します。

（1）現物棚卸しの実施

　在庫削減を図るに当っては、最初に現物棚卸しを行って、材料、部品、仕掛品、製品の品目別在庫数を明確に把握することが必要です。これは、帳簿で在庫を把握している場合においても、必ず実施する必要があります。

（2）在庫品の区分の実施

　在庫を在庫品の持つ性格から区分します。

- **必要な在庫**：回転在庫、安全在庫、政策在庫
- **不必要な在庫**：過剰在庫、不動在庫、長期保管在庫、陳腐化在庫

　棚卸在庫の各品目について、どの在庫区分に該当するのかをひとつひとつチェックして決めていくことが必要です。

（3）在庫品のABC分析の実施

　棚卸在庫金額についてABC分析を実施します。

　ABC分析により、全体の在庫金額の中でどの品目が大きな比率を占めているかがわかり、重点的に削減すべき品目を把握することができます。ABC分析についての説明を、**図2-15**に示します。

（4）置き場の区分および明確化

不必要な在庫は、ひと目で所在がわかるようにするために、必要在庫置き場と区分して置くようにします。なお、置き場スペースの制約上、このように置き場を明確に分けることができない場合には、現品票を色分けすることもひとつの方法です。

（5）在庫削減計画の作成

必要な在庫、不必要な在庫について具体的な削減計画を作成します。具体的には、担当者別に目標在庫、削減目標、達成時期を明確に設定し、計画作成することが必要です。

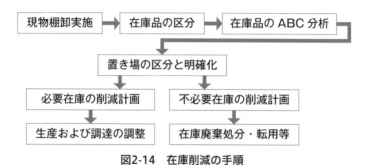

図2-14　在庫削減の手順

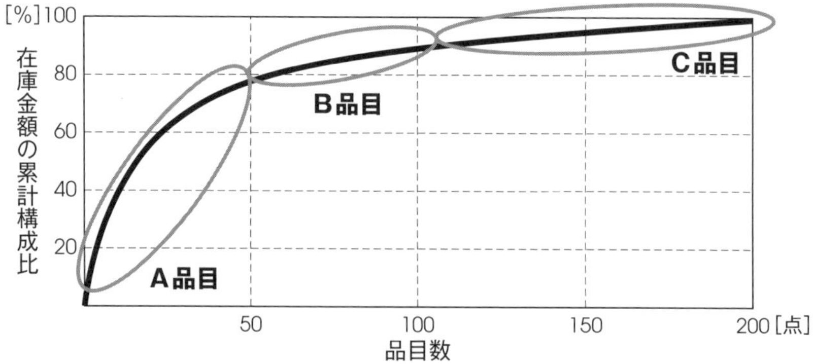

◆在庫品のABC分析とは、在庫品を金額の大きさでA品目、B品目、C品目に区分して、金額の大きいA品目を重点管理し、在庫金額を抑制する方法です。

図2-15　在庫品のABC分析

在庫削減の基本は、「5S」活動です。5Sとは「整理」「整頓」「清掃」「清潔」「躾」の5つで、それぞれの頭文字のSをとって名づけられました。5S活動を継続して行い、作業環境の改善を図り、最適なものとすることが第一の目的です。

- **整理**：不要なものを捨てること
- **整頓**：在庫や道具などを、決められた場所に置き、すぐに取り出せる状態にしておくこと
- **清掃**：掃除を行い、常に職場をきれいに保つこと
- **清潔**：整理・整頓・清掃を維持すること
- **躾**　：ルール、手順を守る習慣をつけること

在庫が整然と保管されていれば、ムダな在庫は見えやすくなり、在庫量は最適な状態により近づいていきます。そして、倉庫が常にきれいな状態であれば、入庫、出庫の作業がはかどりますし、在庫品の品質も維持しやすくなるなど、効率性の改善も得られます。

しかも、5S活動によって、自らの改善活動の成果を実感できることから、会社の業績を向上させようとする意識が醸成されるという副次的な効果もあります。

また、ロケーション管理を進めることで、見える化が可能となり、現場をひと目見ただけで異常を判断することができて、即座に必要な対策に結びつけることができるようになります。

ロケーション管理は、仕掛品や在庫品の削減活動などと組み合わせて、保有量を順次見直すことによって、効率的、経済的で、かつスッキリした生産性の高い生産現場の実現を可能にします。さらには、競合他社製品との差別化を生み出すものづくりの実現をも可能にします。

最近では、作業者が生産に必要なものを探す時間や管理する時間を極力省くために、製品の生産に必要な構成部品をあらかじめセットしておいて、生

産ラインに直接供給する方式や、直接ラインサイドに部品類を定量納入する方式などを採用する企業が増加してきています。

ロケーション管理の進め方について、**図2-16**に示します。

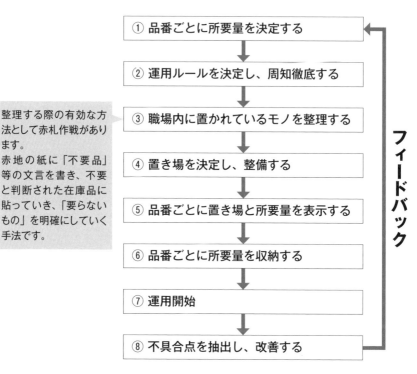

整理する際の有効な方法として赤札作戦があります。
赤地の紙に「不要品」等の文言を書き、不要と判断された在庫品に貼っていき、「要らないもの」を明確にしていく手法です。

① 品番ごとに所要量を決定する

② 運用ルールを決定し、周知徹底する

③ 職場内に置かれているモノを整理する

④ 置き場を決定し、整備する

⑤ 品番ごとに置き場と所要量を表示する

⑥ 品番ごとに所要量を収納する

⑦ 運用開始

⑧ 不具合点を抽出し、改善する

フィードバック

図2-16 ロケーション管理の進め方

4 在庫の効率性

一般的に、在庫の効率性を表す指標として、「在庫回転率」と、「在庫回転期間」が用いられます。

(1) 在庫回転率

ある期間に在庫が何回転したかを示す指標で

$$在庫回転率（回）＝\frac{売上金額}{在庫金額}$$

で求めることができます。

　在庫回転率が高いほど、販売に対する在庫量が少なく、効率的に在庫管理されていることになります。たとえば、年間の在庫回転率が6回とすると、在庫が1年間で6回入れ替わったことになります。逆にいえば、2か月で売上になっているということです。

　在庫回転率が高いほど、在庫の滞留期間が短く、効率的といえます。在庫が何か月も滞留していれば、その在庫にかかった費用は、売上に変わらず寝ていたことになります。**図2-17**でA社はB社と比較して、売上高は約2倍あります。しかし、在庫高も多く在庫回転率は3回です。これに対し、B社の在庫回転率は5回で、売上高は少ないのですが、A社より効率的な事業を行っていることになります。

（2）在庫回転期間

　在庫回転期間は、在庫回転率の逆数で、効率性分析の指標になります。

　計算式は

$$在庫回転期間＝\frac{在庫金額}{売上金額}×12$$

です。

　在庫回転期間は、在庫回転率とは反対に、売上金額に対して在庫を何日分持っているのかを示し、在庫をすべて消費するために要する期間といえます。在庫回転期間が短いほど、工場に入った原材料、部品、製品が、すぐ使われていることを表しており、在庫の効率がよいことになります。

　図2-17にA社、B社の在庫回転率比較とA社の在庫回転期間を示します。

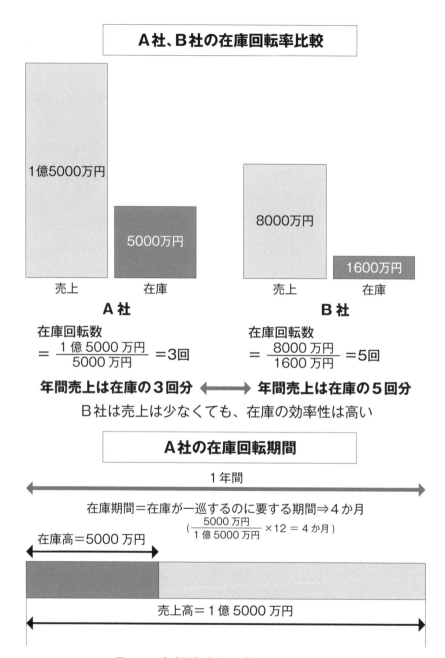

図2-17　在庫回転率および在庫回転期間の説明

5 適正在庫の実現

　適正在庫とは、欠品を出さず過剰在庫にならない適正な在庫数のことです。

　在庫管理をするうえで適正在庫の維持が重要な理由として、「キャッシュフローの最適化」が挙げられます。

　在庫数が少ないと商品が欠品になり、販売機会を損失してしまう恐れがあります。一方で、在庫数が多すぎると保管スペースにかかる賃貸料、保険料、水道光熱費など費用の増加になります。また、在庫維持による長期間の保管によって倉庫で破損したり、品質が劣化したりするリスクがあります。

　したがって、利益を最大化し、健全な経営を行うためには適正在庫を保つことが重要な課題といえます。

　適正在庫を保つには、最初に基準在庫を決めて、制約条件を加味して設定された上限在庫量と下限在庫量の範囲内でコントロールすることです。ここでいう制約条件とは、たとえば発注サイクル、発注量などの条件によるものをいいます。

　基準在庫と上・下限在庫の関係および基準在庫の算出式を**図2-18**に示します。

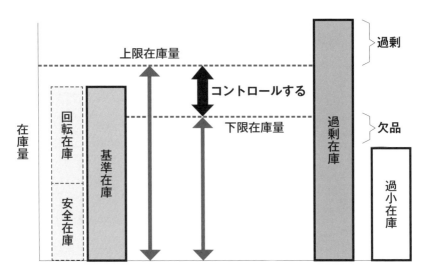

基準在庫＝回転在庫＋安全在庫
回転在庫＝１日当りの平均出荷量 × リードタイム（日数）

◆基準在庫：欠品しないようにある期間の需要を満たすための在庫数量
◆回転在庫：ある期間で必要とする在庫数量
　　　　　　たとえば、来週１週間で出荷される数量が100個なら、
　　　　　　その100個が回転在庫
◆安全在庫：予想される需要の「外れ」分を賄うための在庫数量
　　　　　　（需要の不確実性を吸収するために必要とされる在庫）

図2-18　基準在庫と上・下限在庫の関係および基準在庫の算出式

2-9 原価

1 原価管理の必要性

　企業では、製品を製造・販売するのに必要となる費用（原価・コスト）を算出して、その製品で利益が得られるかどうかを計算します。これが原価計算です。そして、原価計算を全社的・体系的に行って、利益を出し続けられる会社にするのが原価管理です。

　調達・購買担当者は、原価管理の基本的な考え方、特に原価の低減を狙いとした原価管理の考え方をしっかり理解したうえで、原価計算と原価低減の手法を使いこなすことが大切です。

　原価管理の対象領域は広く多岐にわたっているため、原価管理として何をすればよいかがわかりづらいという印象を与えます。大切なのは、日常業務の周辺にあるさまざまな原価に関する情報が活かされて、原価低減や利益確保に結びついているかどうかです。

　「原価は現場で発生している」といわれるように、原価管理は帳簿上の数字で行うのではなく、現場の作業者や技術者の創意工夫や努力によって行うべきものです。

　原価情報をうまく使い分け、視点を変えて原価管理を進めるための"3つの目"という考え方を次に説明します（**図2-19**）。

（1）鳥の目管理

　企業経営を鳥瞰的に把握する考え方で、株主や銀行への報告や説明、税金の計算、投資などの経営判断にもつながり、年度ごとに作成する決算書にも

必要とされる考え方です。従業員ひとり当りの売上や利益といった生産性の推移なども、この視点にとって重要な指標です。

（2）人の目管理

部署ごと・期間ごとの収支や製品ごとの原価計算を基本として管理する考え方で、日常管理として利益や原価の把握を進めることが狙いです。

結果だけではなく、計画や目標を明確にして、それらと実際との差異を追求することで、管理のレベルを上げていきます。結果として、目標利益が確保できない部署や製品がわかると、より詳細な原価情報を把握する必要が出てきます。

（3）虫の目管理

個別の詳細な原価情報に着目し、原価にまつわる課題解決を進めていく考え方です。具体的活動としては、品質管理（QC：Quality Control）手法、インダストリアルエンジニアリング（IE：Industrial Engineering）手法、バリューエンジニアリング（VE：Value Engineering）手法などを駆使して、現状原価の把握・分析を行い、課題を明確にし、原価低減に向けての方策を決め、実行していきます。

原価情報は数値だけではありません。原価に影響を与えそうな原材料の市況や景気動向など、情報は身近にたくさんあります。さまざまな原価情報の重要性を判断し、問題があれば改善活動を実施し、そして原価維持・原価低減につなげることが大切です。

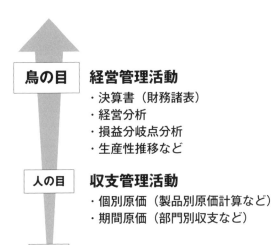

鳥の目 **経営管理活動**
　・決算書（財務諸表）
　・経営分析
　・損益分岐点分析
　・生産性推移など

人の目 **収支管理活動**
　・個別原価（製品別原価計算など）
　・期間原価（部門別収支など）

虫の目 **原価低減活動**
　・QC、IE、VE 手法の活用など
　・製品別原価改善、原価企画活動など

図2-19　原価管理 3 つの目

2 　原価の構成

　原価は、製品自体が固有に持っている部分（製造直接費）と、その製品の外で発生している部分（製造間接費、一般管理費、販売費）とで構成されます。製品の外で発生している原価は、ある基準で各製品に配賦（配分処理）され、そこには社長の給与から、社員の教育費といったものまで、会社で発生する費用すべてが含まれています（**図2-20**）。

（1）製造原価：発生形態からの区分

　原価はその発生形態から、材料費、労務費、経費に区分され、これらを「原価の3要素」といいます。製品をつくるには「材料」と「人の労力」が必要です。さらに、設備を購入し動かす費用や、事務所の費用などの「経費」も必要です。

（2）製造原価：製品との関係からみた区分

　原価は、製品に対する直接費と間接費に分けられます。直接費は製品をつくるのに直接かかった費用です。それ以外は間接費となり、単位ごとに集められ、決められた基準で各製品に配賦されます。

（3）変動費と固定費：操業度などの関係からみた区分

　原価は、操業度の高・低に比例して増減する変動費と、増減しない固定費とに分けられます。変動費には、材料費、電気代、残業費などがあります。固定費は社員の給料、設備償却費、リース代、土地代など工場での生産がない状況でも発生する費用のことです。たとえば、販売が落ちて生産が減ると、固定費の比率が高くなってしまい利益の出にくい体質になります。このような状況では、思い切った固定費の削減が必要になります。

（4）製造部門以外の費用の扱い方

　会社には製造以外の部門も必要で、それらの部門でも費用が発生します。販売部門で発生する費用を販売費、人事・財務などの本社部門で発生する費用を一般管理費と呼びます。一般管理費には、役員の給与から税金まで多くのものが含まれます。この2つの費用を合わせて販管費と呼び、基準に従った販管費率で各製品に配賦されます。

　図2-20に示す製造間接費と製造直接費を、原価の3要素で区分した場合、その具体例は次のようになります。

　製造間接費について見ると、間接材料費には消耗工具費や補助材料費が、間接労務費には監督者や工場スタッフの人件費が、間接経費には償却費や電力費・光熱費や保険などが含まれています。

　製造直接費について見ると、直接材料費には製品を構成する材料や部品の費用が、直接労務費には製品や部品を直接製造する人の人件費が、直接経費には外注加工費などが含まれています。

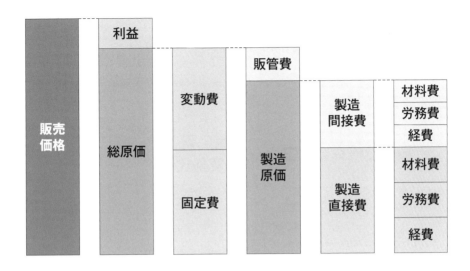

図2-20　原価構成

3　損益分岐点の理解

　調達・購買担当者は、損益分岐点を正しく理解する必要があります。経営状態を把握する手段であり、同時に原価低減や価格交渉においても必要とされる事項だからです。

（1）損益分岐点とは何か

　図2-21の縦軸は売上高と費用です。固定費は操業度によらず一定です。一方、変動費は販売数が増えるほど増加します。もちろん、売上高も販売数が増えれば増えていきます。図の横軸も売上高であるため、売上高の線は45度の傾きになります。この売上高の線と、変動費の線が交わる点を損益分岐点といいます。損益分岐点より売上高が多い右側では利益が出ますし、左側では損失が出ます。ちょうど利益がゼロになる売上高を損益分岐点売上高といいます。

　ここで

$$売上高＝固定費＋変動費＋利益$$
$$＝固定費＋売上高×変動比率＋利益$$

となりますので、逆算して利益がゼロになる売上高を計算すると

$$損益分岐点売上高＝\frac{固定費}{1－変動比率}$$

が求められます。

（2）損益分岐点分析で何がわかるか

　図2-21を見ると、少ない売上高では固定費を吸収できず損失が発生しますが、売上高が固定費＋変動費を吸収できる、すなわち損益分岐点を超えると利益が出ます。まず、利益を出すために必要な売上高がわかります。

　また、固定費や変動費を低減すると、損益分岐点が左側に移動し、同じ売上高でも利益が増えることがわかります。反対に投資などで固定費が増えると、損益分岐点は右側に移動し、利益は減ります。この利益を補うために、売上を増やすか変動費を下げるかが必要となります。

　すなわち、損益分岐点の把握を通じて、採算点や利益構造を明らかにしたり、投資判断をしたりすることができます。

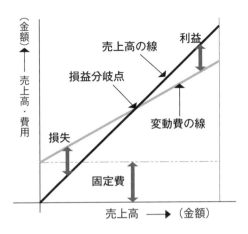

図2-21　損益分岐点

（3）経営判断としての損益分岐点分析

　原価管理の「鳥の目管理」には、損益分岐点分析が含まれます。経営者は売上高が落ちてくると、利益確保への対策を打ちます。材料費削減などの合理化活動を進め、それでも固定費が吸収できないときには、固定費のカットに踏み込むことになります。工場や設備、人員などを減らして、生き残りを図ります。

　しかし本当は、そのような状況に追い込まれないよう、損益分岐点の低減に向けた取り組みを日常的に行うことが重要です。また、大きな投資をするときに増加する固定費を吸収できるか、計画通りに売上が伸びないときにはどのようにリスク回避をするかなど、あらゆる場合を想定して経営判断します。このときにも損益分岐点分析が役立ちます。

（4）変動費と固定費

　考え方としては、売上に応じ大きく変動するものを変動費、あまり変動しないものを固定費と区分します。しかし、明確にはどちらともいえないものもあります。

表2-4は固定費と変動費との振り分け事例です。労務費で、通常、社員の給与は固定費ですが、出来高制の場合は外注加工費と同様、変動費となります。仕事がなければ解雇できる派遣社員も変動費とみなすことができます。その他どちらともいえないものは基準を決めて振り分けます。

表2-4 固定費と変動費

科目	固定費	変動費
材料費		○
労務費	○	○
外注加工費		○
賃借料	○	
保険料	○	
修繕費	○	
電力・ガス・水道費		○
通勤交通費	○	
租税公課	○	
減価償却費	○	
販売手数料		○
荷造り費		○
運送費		○
広告宣伝費	○	
見本費		○
保管料		○
役員報酬	○	
給与手当	○	○
交通保険費	○	
旅費交通費	○	○
通信費	○	○
消耗品費	○	
支払利益割引費	○	
雑損費	○	

（5）損益分岐点比率

損益分岐点比率は

$$損益分岐点比率 = \frac{損益分岐点売上高}{現在売上高} \times 100$$

で示され、75％以下であれば健全経営といわれています。

おおよその目安は下記のとおりです。

- 96％以上：危険
- 86〜95％：警戒
- 76〜85％：普通
- 75％以下：健全

自社のレベルに問題がないか、購買先のレベルがどの程度なのかなどに関

心を持って、情報の把握に努めることも大切です。

（6）損益分岐点の引下げ

　損益分岐点を引下げて利益を増やすには、以下の４つの方法があります。

① 販売数を増やし、売上高を伸ばす

② 変動費を低減する

③ 固定費を低減する

④ 商品に付加価値をつけ、高く売る

　損益分岐点を引下げることの重要性を理解するためには、目標原価を実現することがいかに必要かを認識することです。目標とする利益を総原価に加算して販売価格とするのでは、売れる商品にはほど遠い実態となり、目標利益の実現は困難です。逆に、売れる販売価格を決めたうえで、目標とする利益を差し引いて目標原価を設定し、それを実現することによって、結果的に目標利益の達成が可能になります。つまり、利益達成には目標原価の実現が必須だといえるのです。

　目標原価の実現は、まさに損益分岐点の引下げ活動にほかなりません。売上高はじわじわと落ちてきます。これに対応して早め早めの手を打てればよいのですが、そのうち回復するだろうと思い何もしないでいると、対応が遅れ、大規模なリストラが必要な事態になってしまいます。このため、日常から損益分岐点の引下げを行い、利益を増やす活動が大切になるのです。

　上記の４つの方法を具現化し、目標原価を実現するためには、以下のような点が重要です。

• 変動費低減活動の計画を5W1Hに基づいて立てること

• 操業度や生産性向上による固定費の低減計画を立てること

• 既存商品、新商品の売上を伸ばす販売企画を常に意識すること

• 売れる新商品・付加価値の高い新商品を開発する能力を磨くこと

　また同時に、全員がこれらの計画の実現をめざして努力する体制も不可欠です。さらに、調達・購買担当者は、損益分岐点引下げの主役を担っているとの認識が必要です。

4　原価計算の基礎

（1）製造原価の考え方

　経理部門で行われている財務計算では、製造原価を、材料費と労務費と経費の3要素に分けて捉えます。一方、原価低減を目的とする原価管理では、現場での改善管理のやりやすさを考え、製造原価を材料費と加工費の2要素の和だけで計算します。この方式ならば、「材料使用量を10g減らしたらいくら安くなるのか」とか「購買単価を1kg当り50円下げたら材料費はいくら安くなるのか」などがすぐわかります。加工費についても「10秒短縮したら」とか「加工費レートを時間当り100円下げたらどうなるのか」などがすぐわかります。結果として、改善による製造原価の低減金額を容易に把握することができます。

（2）製造原価計算の基本式

　製品全体のコストを見積るためには、部品構成表と加工工程表が必要です。部品構成表により、製品を構成している部品と使用数がわかり、製品の原価を集計できます。また、加工工程表によって、すべての社内加工についての必要な設備と工程内容の詳細がわかり、工程ごとに加工費を計算することができます。

　　製造原価　＝　材料費　＋　加工費
　　材料費　　＝　材料使用量　×　材料単価
　　加工費　　＝　加工時間　×　加工費レート

（3）加工費レートとコストセンター

　製造原価を計算する4つの要素のうち、材料使用量、材料単価、加工時間の3つは、ある程度イメージすることができる要素です。しかし、加工費レートはなかなかイメージできない要素だといえます。なぜなら、加工費レートは、財務計算での3要素のうち労務費と経費を統合して単位時間当りの金額に変換したもので、他の3要素のように実体と結びついた数値ではないからです。

　複数の設備や工程をひとまとめにして加工費レートの算出を行うと、さまざまな要素が影響するため精度の高いレート決定が難しくなります。そこで、コストセンターという概念を用いて、コスト（＝労務費＋経費）集計の単位をできるだけ最小化して、レート算出の精度を高めます。製品の製造工程を構成する機械設備や加工ライン別にコストを集計するやり方で、このコスト集計単位をコストセンターといいます。

　コストセンターごとに、一定期間（通常1年間）の製造活動で発生する費用をすべて集計し、その期間の直接作業時間で割って求めた単位時間当りの加工費を加工費レート（加工費率）と呼びます。

　コストセンターで発生するコストとしては、労務費と設備費があり、これをサポートする生産管理や生産技術の費用は製造経費としてコストに加算されます。これらを直接作業時間で割ったものをそれぞれ労務費率、設備費率、製造経費率と呼び、合算したものが加工費レート（加工費率）です。

　さらに、工場内ではコストセンターごとに分けにくい費用の発生もあり、このような費用のことを職場共通費といいます。職場共通費もコストに加えて考えないと採算性の悪い状態になります。設備に関するものは設備共通費、作業者に関するものは労務共通費として分けられ、コストに加算されます。

（4）特定製品のみの原価要素として扱う事例

　特定製品をつくるのに使用する専用機械、専用治工具、金型などは、一括

管理をせずに、該当する製品のみの原価として、製品1個当りいくらと割り振ることもあります。原価低減に向けての課題として把握しやすくするためです。販管費の中で対象特定ができる運賃などは、一括管理をせずに個別に扱う配慮も必要です。

5　材料費の算出

（1）材料費の算出と原価低減

　材料費算出の基となる材料使用量はロス込みの使用量です（**図2-22**）。製品の構成要素として使用されている材料分だけではなく、切り替え時に発生する材料ロス分や製造不良としてのロス分もすべて集計し、生産ロットで割り、製品1台当りの使用量に加えます。

　材料費を構成するもう一方の材料単価については、価格変動が激しい場合、どの時点の価格を使うのかを決めておく必要があります。また、スクラップは売却できる場合と処理費がかかる場合があるので、これも考慮する必要があります。

　材料使用量を削減するには、小型化、材料取りの改善、不良品の削減などの手段があります。それぞれ設計、製造技術、製造が主な担当となり、課題解決を進めることが重要です。

　材料単価の引下げは調達・購買部門の責任です。2社購買をはじめさまざまな手段を活用して単価引下げの実現が求められます。加工部品の購買先で使用する材料についても、材料費の実態を把握し、安くなるのであれば購買先の同意を得たうえで材料を支給するというのも原価低減のひとつです。

　また、素材に近い材料は市況動向により価格が変動するため、価格変動情報の入手手段をつくっておくことが重要です。さらに市販部品については、購買量と購買先の競合状態が価格決定に大きく影響します。いずれにしても、部品および材料の共通化を推進して、原価低減につなげることが必要です。

直接材料費＝製品そのものの材料使用量 × 材料単価

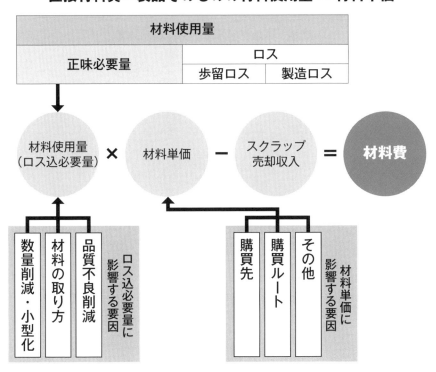

図2-22　材料費

（2）縦通し原価と限界利益の考え方

　社内、社外を含めた多くの組織体を通して生産を行っている場合、製品組立段階で使用する部品をひとつの完成された構成部材として扱い、原価としては全体を材料費として計算します。

　原価計算上はこの扱いでよいのですが、これは真の材料費ではありません。原材料からスタートして、加工ステップが進むごとに、純素材費、加工費、固定費に分解して集計を行い、最終的には製品としての真の材料費、真の加工費を把握することも重要な事項です。なお、社外部品であれば、購買先の

利益も項目区分する必要があります。

　このような見方を縦通し原価といいます。材料比率が高すぎて利益が出ない製品については、縦通し原価を明確にして、材料比率を下げる工夫をすることが必要です。

　また、限界利益とは販売価格から変動費を差し引いた金額で、固定費と利益の和に当ります。固定費は操業度が落ちても減りませんので、仕事を社外に出すと固定費の負担は別の製品が担うことになります。内作か外作かの判断をするとき、この限界利益を考慮する必要があります。

6 加工費の算出と原価低減

加工費は、加工時間と加工費レートの積で計算されます（**図2-23**）。

（1）加工時間

　加工時間には、標準作業時間（主作業時間、段取時間、余裕時間）とロス時間が含まれます。工業製品は、品質とコストの均一化を目的として作業標準による製造を前提としています。そして、この作業標準に対応した作業時間を標準作業時間といいます。

　ただし、作業標準を決めても同じ時間で製品ができるとは限りません、作業者によっても、あるいは同じ作業者であっても、作業にバラツキがあるからです。このバラツキは余裕時間として標準作業時間に含めます。

　段取時間は、生産ロット数で割り、1個当りの段取時間として標準作業時間に含めます。さらに、ロス時間については、実際の工程内容を分析することによって、ロスを生んでいる作業者の動きや設備の動きを明確にし、まずは現状でのロス時間を把握することが必要です。なお、分析で得られたロス実態を加工時間の短縮に活用することも重要です。

（2）加工費レート

　加工費レートの算出の仕方については、本節の「④ 原価計算の基礎」で説明しましたが、コストセンターごとにさまざまな要素を考慮して行われています。

　資材の調達・購買においては、購買先での加工費レートが妥当かどうかの判断をする目が必要になります。意識して多くの購買先を見ることによって、規模、設備、スタッフの数などから、加工費レートはこれくらいが標準と思えてくるようになります。さらに詰めるには、労務費、設備費、製造経費をそれぞれ「虫の目」で見ていく必要があります。

（3）原価低減

　図2-23に示すように、加工時間の短縮には多くの項目が関係しています。機械化や自動化で時産数を上げる方法（ただし、投資をすれば加工費レートは高くなる）、インダストリアルエンジニアリング（IE）手法の活用により生産性を向上させるのも有効な方法です。段取時間の改善による加工時間短縮も大きな効果が得られます。

　また、加工費レートを下げる方法のひとつには、稼働時間の延長があります。特に高価な設備を導入したときなど、この設備を何時間稼働させられるかで加工費レートは大きく違ってきます。最大稼働時間としての目標は、1日24時間、1か月30日稼働です。さらに、加工費レートに関係する項目にも、稼働率・能率が含まれています。IE手法を活用してロス（ムリ、ムダ、ムラ）を削減することで、加工時間が短縮されるだけでなく、加工費レートを引下げる効果も出てきます。

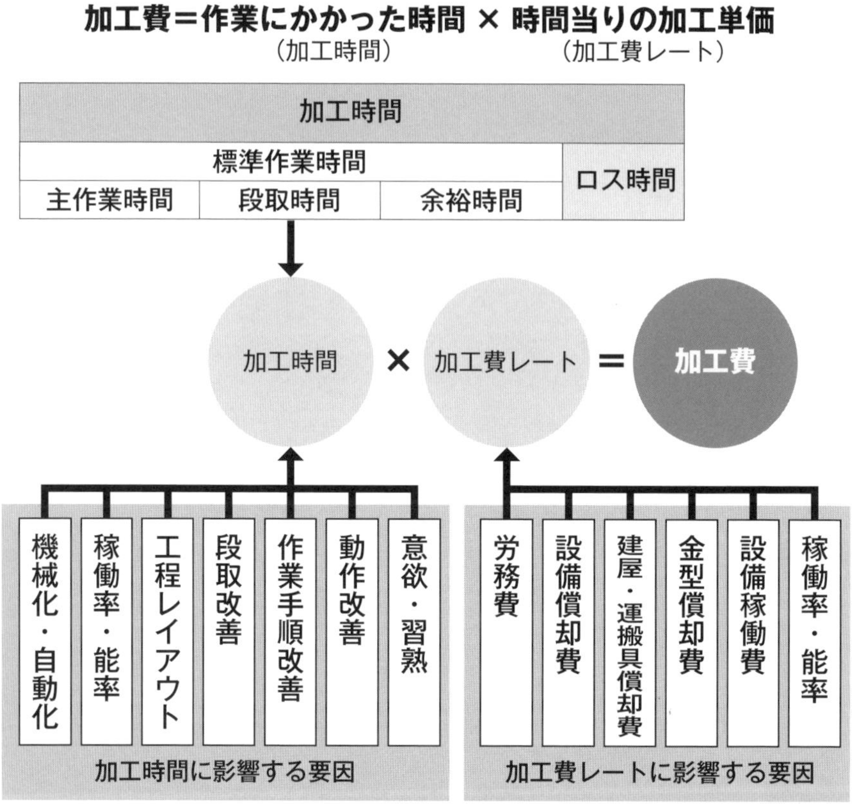

加工費＝作業にかかった時間 × 時間当りの加工単価
（加工時間）　　　　　　　（加工費レート）

加工時間			
標準作業時間			ロス時間
主作業時間	段取時間	余裕時間	

加工時間 × 加工費レート ＝ 加工費

加工時間に影響する要因
- 機械化・自動化
- 稼働率・能率
- 工程レイアウト
- 段取改善
- 作業手順改善
- 動作改善
- 意欲・習熟

加工費レートに影響する要因
- 労務費
- 設備償却費
- 建屋・運搬具償却費
- 金型償却費
- 設備稼働費
- 稼働率・能率

図2-23　加工費

2-10 海外調達

1 環境の変化とグローバル化

　海外調達は、バブル期には貿易収支の黒字を解消するための輸入促進対策として、政財界を挙げて推進されました。しかし最近では、為替との関係から貿易収支が赤字で推移しており、その状況に変化が現れてきています。

　また企業を取り巻く環境も、海外（特に東アジア、ASEAN）から安くてしかもよい商品が輸入され、国内市場で普及するようになり、国内企業間のみの競争から外国製品も考慮した競争へと変化しています。その変化にともなって、海外調達の役割もシフトしつつあります。

　海外調達の大きな目的は、国内外市場におけるグローバル価格競争に対応するために海外から必要な資材を調達することにあります。しかし、自社企業のコア技術や優秀な新鋭設備を海外に投入してまで行われる調達活動に対して、日本企業の将来を危ぶむ声も出始めています。

　海外企業の技術レベルが上がり、自国製の設備や製造技術が向上し、加えて安価な人件費をもってする海外からの商品攻勢は、今まで以上に日本国内の企業（特に中小企業）を追い詰めることになるのは間違いなさそうです。憂慮されるのは、日本国内の生産量の減少による活力の衰えと、技術力、特にその中でも製造技術力の低下です。

　とはいうものの、手をこまぬいていてはグローバル競争に勝つことはできないため、海外調達の拡大に努力する必要があります。見かけだけのコストに捉われず、本質を捉えたコスト意識に基づいた海外調達が重要です。

2　海外調達の目的

　海外調達の目的は、まず何をおいてもコストメリットの実現にあります。海外調達を行う前に、国内調達と比較してどこにメリットがあるかを分析する必要があります（**図2-24**）。

　商品にもよりますが、調達コストで20％以上のメリットがあるかどうかが海外調達を選択する分かれ目と考えられます。為替リスクや在庫保管、関税などの費用発生を考慮すると、この程度のメリットは必須といえます。

　一般に、海外業者からの見積書は、運賃・保険料込み条件（CIF：Cost Insurance and Freight）で、指定の港着値で出されます。港から必要な場所までの輸送費等の試算を加えた価格が、国内での購買価格より20％程度のコストメリットがなければ、やる意味がないと判断できます。

　国内で調達できないものは海外に頼るしかないので、その際の調達では最大のメリットを出し、リスクを最小限に抑えることが重要になります。

海外調達によって、必ずしも安くなるわけではない
①現地調達は単なる輸入と異なる
②為替や法や税によって、メリットは常に変化する

国際状況をよく見極めないと……

・為替
・法律
・税、等

周囲の意見に流されず、冷静な判断を

「まず海外ありき」は間違いの元
海外調達採用の前に、
まず国内の購買先を調査し、
見積確認をしたうえで可能性の判断を

図2-24　海外調達の注意点

3 海外調達における「必要性」と「リスク」

　海外調達は、国内での調達とは大きく異なります。そのメリット・デメリットを見極め、その必要性とリスクを十分理解したうえで行うことが重要です（**表2-5**）。

表2-5　3つの必要性と3つのリスク

3つの必要性	
コスト	熾烈な価格競争に対応するために、安価な労働力・インフラを活用したローコストな製品を調達する。
技術	多様な製品づくりに対応するために、日本の購買先が保有しない先端技術の製品を調達する。
リスク分散	日本の購買先だけでは緊急時の部品調達が困難になると予想される場合、あるいは、日本国内の生産能力ではオーバーする場合、海外から調達する。

3つのリスク	
為替・税法・関税	対円為替レートが変動することで、コスト低減効果も減じることがある。また、供給元国の税法や関税が変更されることにより、コストが変動する。
言語・文化	コミュニケーション不足、あるいは、文化差からくる思い違いにより、予期せぬトラブルが生じることがある。また、日本レベルの高い設計・品質の要求基準に対応が困難な場合もある。
輸送	地理的な遠さからの輸送費増大や地球環境面からCO_2を排出しての輸送課題がある。さらに、納入日程の短縮化が難しい場合がある。また、輸送品質が低く、発注企業納入時に製品の瑕疵（傷・汚れ等）が生じる場合もある。

4 海外調達の手順

　海外調達をうまく進めるためには、以下の手順を理解し、確実に進めることが重要です。

① 購買対象資材の決定

② 資材の目標価格を決定。目標は工場着の価格を現状購買価格との対比で決定

③ 購買先としての国および企業候補をリストアップ

④ 購買候補先に対して、見積を依頼

⑤ 見積書を評価

⑥ 購買先を選定し、打ち合わせを実施。「品質・価格・納期（QCD：Quality, Cost, Delivery）」すべてにわたり、詳細かつ具体的に打ち合わせを実施

⑦ 詳細仕様を決めた後に、試作品を依頼

⑧ 試作品を評価し、問題がなければ量産への移行を推進。契約書を両者で作成し、基本契約と個別契約を締結

⑨ 量産にあたり、量産品生産の立会いを実施。工程での機能と品質のつくり込みを両者で確立

⑩ 量産品での国内製造評価を実施し、問題がなければ本格生産へ移行

⑪ 正式発注して、本格生産を実施。この際も生産立会いをするとともに、本格生産時の輸送手段（梱包仕様、コンテナなど）を確認

⑫ 本格生産品での国内製造評価を実施し、発生課題をフィードバック。課題解決できた時点で、目標価格の達成度を評価

　海外調達でのメリットを活かした合理化を実現すれば、コストダウンへの貢献ができます。ムダなく、漏れなく、遅れない推進になるように努めることが必要です。

5 海外調達を成功させるポイント

　海外調達を成功させるためには、以下の6つのポイントに留意することが必要です。

① 国内調達と対比した結果、海外調達にメリットがあると判断したら、徹底的にやり抜く強い意志が必要

② 事前準備の重要性を認識し、課題発生の防止や発生時の早期対応が必要。事前準備をしていても、実施段階で思わぬ課題にぶつかることがある。それを回避するために有効な策は、トラブル予測を充実させること

③ 問題の共有化と解決への協調が重要。要求仕様や依頼事項を互いに交わしていても、意思疎通が十分でないケースが必ず出てくる。その際、こちらの主張だけを一方的に押し切るのではなく、互いが理解し合い、問題解決のためのアクションを協調して取ることができる状況をつくることが大切

④ 調達が開始されても、安定的なQCDを実現できる体制が取れるまで、定期的な検討会を両者で持ち、問題点を潰していく活動が必要です。品質面の問題を解決するには、他の問題と分離して品質検討会を両者で開催することも大切

⑤ 調達の安定化が見えてきたら、業務内容の標準化を進め、調達・購買担当者以外の支援メンバーへの業務の引き継ぎを行うとともに、協力の輪を広げることが必要

⑥ 購買先の習慣や民族的な背景等を把握することが、調達の推進スピードと効率に大きく影響する。その国の慣習や法律・制度を理解して臨むことが必要

6　海外調達の取引形態

　海外調達における取引には、いくつかの形態があります。

　以下のどれに当てはまるかを明確にして、それぞれの取引形態のメリット、デメリットを評価して臨む必要があります。

（1）原材料の調達・購買

・日本商社または外資系の商社を仲介する取引

- 相手国代理店または相手国商社を仲介する取引
- 相手国メーカーとの直接取引

（2）市販部品、メーカー仕様商品の調達・購買

- 相手国メーカーとの直接取引
- 相手国代理店または相手国商社を仲介する取引
- 日本商社を仲介する取引

（3）加工部品の調達・購買

- 相手国メーカーとの直接取引
- 相手国代理店または相手国商社を仲介する取引
- 日本商社を仲介する取引
- 相手国メーカーの仕様でOEM依頼をする取引
- 海外進出している日本企業メーカーに依頼する取引
- 相手国企業と合弁会社を設立しての取引
- 自社の海外工場との取引

　ここで、OEM（ Original Equipment Manufacturer ）とは、発注元企業のブランドで販売される製品を製造受託することです。

　さまざまな取引形態がある中で、それぞれを十分に理解したうえで、調達目的に合った形態を選択し推進することが重要です。

7　加工品調達の形態

　加工品の調達形態には、大きく分けて3つのパターンがあります。

　① 材料を日本から支給して、加工のみを海外で行う調達

　② 材料を海外のどこかから調達支給して、加工のみを海外で行う調達

③ 海外加工メーカーの自主調達材料を使用しての加工品調達

どのような形態をとるかは、QCD のバランスを考慮し、最大の成果が期待できる方法を選択することが大切です。

8 海外相手国への自社社員駐在の可否

取引の利便性は、駐在員の有無に大きく左右されます。駐在員がいることで、購買先と直接面談ができ、すばやく、スムーズに連携することができます。

すでに会社として駐在員を置いている場合は、有効に活用することができますが、コスト低減を狙いとした海外調達であることを考慮すると、海外調達に要求される量や質により、駐在員の必要性を判断することが重要です。

9 関税

輸入における関税については、相手国により大きな差があります。二国間や多国間協定の動向を把握し、有利な調達・購買が実現できるように、関税に関する情報に対して常に注意をはらい、収集することが必要です。また、関税は年次や輸入量制限の有無などで変更されることがあります。最新の情報を把握し、活用することが重要です。

10 輸送費

輸入における輸送費は大きな経費のひとつです。輸入時の条件についての詳細情報を把握して、少しでも安くて安全な方法で調達することが必要です（**図2-25**）。どこにコストがかかっているかを理解して、ムダなコストを排除することも調達・購買担当者の重要な役割です。

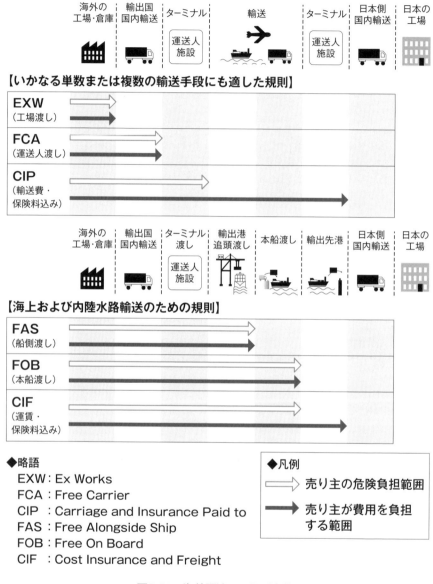

【いかなる単数または複数の輸送手段にも適した規則】

EXW（工場渡し）

FCA（運送人渡し）

CIP（輸送費・保険料込み）

【海上および内陸水路輸送のための規則】

FAS（船側渡し）

FOB（本船渡し）

CIF（運賃・保険料込み）

◆略語
EXW：Ex Works
FCA ：Free Carrier
CIP ：Carriage and Insurance Paid to
FAS ：Free Alongside Ship
FOB ：Free On Board
CIF ：Cost Insurance and Freight

◆凡例
⇨ 売り主の危険負担範囲
➡ 売り主が費用を負担する範囲

図2-25　海外調達での取引条件

図2-25に表した取引条件は、輸送手段区分に対応した規則として、危険（リスク）および費用について、海外の売り手側と国内の買い手側の負担区分ポイントを明確にしたものです。

たとえば、EXW（Ex Works）とは、海外工場で輸送業者に調達品（資材）を引き渡すまでは売り手側がリスクと費用を負担しますが、その後のリスクと費用はすべて買い手側負担となる取引条件です。また、FOB（Free On Board）とは、船舶への資材積み込みを完了するまでは売り手側がリスクと費用を負担しますが、その後のリスクと費用はすべて買い手側が負担する取引条件です。さらに、CIF（Cost Insurance and Freight）とは、船舶への資材積み込みを完了するまでのリスク負担と、資材が買い手側の指定した荷下ろし場所に着くまでの費用（保険料込み輸送費）負担を売り手側が負う取引条件です。

図2-25に表した以外の取引条件もありますので、各条件の内容を見極めて自社に有利な取引条件で海外調達を行ってください。

11 相手国の法律や習慣

取引相手国の法律や習慣を熟知しておく必要があります。購買先の国の法律により、思いもよらないコストがかかることがあります。また、日本ではあたりまえのやり方でも、その国では通用しない場合があります。現地情報を十分把握したうえで活動することが必要です。

たとえば、インドネシアでは断食月があり、中国・ベトナムでは旧正月の連休などがあります。これらの期間中の生産や調達には注意をはらう必要があります。

12　調達リードタイムと契約生産量

　海外調達において、調達リードタイムと契約生産量が一番頭を悩ませる問題となっています。安易に対応すると大きな影響が出るとともに、見かけのコストを狂わせます。生産リードタイムと輸送リードタイムを考慮して、国内生産に影響の出ない方策を決め、それに沿って現地での生産計画を立案し、実施することが重要です。輸送についても、通関業者のストライキやその国の特別休暇などの情報を早めにつかんで、適切な対応を取ることが必要です。

13　取引契約内容

　まずは、正式見積の依頼段階で、必要と思われる条件を抜けなく網羅し、具体的な文書で提示することが重要です。さらに注文書には、見積依頼段階での要求事項と見積書記載の各項目に加えて、相互の合意事項および条件を、漏れなく、かつ誤解を避ける明確な記述で記載することが必要です。

14　海外調達におけるコスト意識

　直接の資材単価に関心を持つことは当然必要ですが、同時にトータルコストに影響する以下の項目についても留意することが必要です。

（1）品質保証契約および賠償契約

　品質保証契約書があっても、不具合が発生した場合の対応を明記していない事例が多く見られます。このような場合、問題がこじれることがあります。契約書には、賠償契約などについても明記する必要があります。

（2）コスト項目の把握

関税、総輸送費、輸入経費、通関手数料、駐在費、連絡経費、海外調達派遣費および管理人件費等の費用項目を明確に把握し、抜け落ちがないようにする必要があります。

（3）リードタイムと在庫確保

生産リードタイムおよび輸送リードタイムに加えて、在庫する場合の対応についても把握する必要があります。海外調達においては、輸送リードタイムを把握した国内生産対応をとる必要があります。

（4）在庫資金（支給材在庫とリードタイム対応在庫）とデッドストック

海外からの調達の場合、リードタイムが国内より長くなるため、生産計画を考慮して、国内で在庫を持つ必要が出てきます。その在庫資金を最小に抑えることでトータル費用を抑えることも必要です。

（5）為替変動リスク

為替の変動に対しては、変動リスクをヘッジする為替予約という方法もありますが、いずれにしろ変動を予測することは困難です。期間を決めて管理することなどで為替の変動に対応できる体制をとることも必要です。

（6）設備貸与のメリット・デメリット

設備を貸与する場合、そのメリットとデメリットを把握し、コストに有利になる方法をとることが必要です。

15 海外調達品のコスト低減

海外調達における合理化のポイントはトータルコストの削減にあり（**図2-26**）、その着眼点としては、以下の5項目があります。

（1）調達先の合理化レベルの把握

設備や5S、仕掛品の多さ、不良品置場などを見ることで、調達先の合理化レベルを把握することが可能です。具体的には、海外での交渉時に製造現場を見ることで、その会社のレベルを把握することができます。オフィスで交渉するだけではなく、必ず製造現場を見る習慣をつけることによって、合理化のレベルがつかめるようになります。また、現場のムダを見つけてコスト削減の提案をすることも、調達・購買担当者の重要な役割です。

（2）輸送手段を見極める

梱包仕様をこちらが明示していても、守られないこともあり、過剰梱包になることもあります。輸送手段に見合う適正な梱包仕様にすることや、通常のコンテナよりも量を増やすことのできるハイキューブコンテナの採用などで、コスト削減が検討できます。

（3）契約方法の確認（FOB、CIFの有利性確認）

契約に関しても、自社のルートと海外の購買先ルートとを比較して、コストメリットのあるルートと契約方法は何かを確認することが必要です。

（4）国内での費用確認

国内到着後も通関やデバンニング（荷おろし）、在庫保管等の費用が発生します。費用把握が容易にできる方法の採用が必要です。

（5）生産部門での課題フィードバック

　生産部門引き渡し後に、問題がないかを確認し、問題があればフィードバックし、不良などを減らすことも必要です。

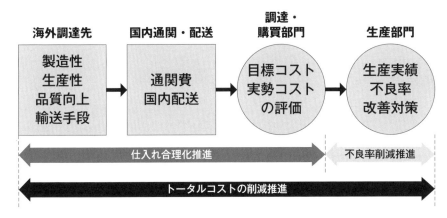

図2-26　合理化のポイントはトータルコスト削減

2-11 持続可能性配慮型調達

1 持続可能性配慮型調達の意味

　ものづくりの世界的な流れは、地球温暖化対策や、熱帯雨林などの森林破壊抑制につながる、「地球環境にやさしいものづくり」へと向っており、限られた資源の有効活用を進めることは、地球人としての重要な課題となってきています。調達・購買担当者としては、省エネや環境対応性を意識して持続可能性を見据えた資材購入を積極的に進める必要があります。そのためには、関連する各種法律やグリーン調達の考え方を理解することが必要です。

（1）省エネに関する法律

　「エネルギーの使用の合理化に関する法律」は、石油危機の発生を機に1979（昭和54）年に制定されましたが、地球温暖化対策や脱炭素社会実現に向けての環境変化により、「エネルギーの使用の合理化及び非化石エネルギーへの転換等に関する法律」として改正され、2023（令和5）年4月1に施行されました。

　エネルギー消費効率の優れた設備設置や非化石エネルギーへの転換を加速する需要構造の確立を図るとともに、電気の需要の最適化を促すことを狙いとして、今回の改正がおこなわれました。

（2）グリーン調達

　循環型社会の形成のためには、「再生品等の供給面の取り組み」に加え、「需要面からの取り組みが重要である」という観点に基づいて、循環型社会形成

推進基本法の個別法のひとつとして、2000（平成12）年に「国等による環境物品等の調達の推進等に関する法律」が制定されました。

　この法律は、国等の公的機関が率先して環境負荷の低減につながる製品やサービスの調達を推進するとともに、これらに関する適切な情報提供を促進することによって需要の転換を図り、持続的発展が可能な社会の構築を推進することをめざしています。

2 調達資材の省エネと環境配慮

（1）省エネ調達の取り組み

　調達・購買担当者としては、省エネ効果を持った資材や部品の調達が可能で、他の条件に差がなければ、省エネ効果のある資材を選択することが望まれます。たとえば、省エネ効果がありメンテナンスコストも抑えられた照明器具があれば、他と対比して、省エネ効果のあるものを選択することが大切です。

（2）環境配慮型調達の取り組み

　環境配慮とは、地球温暖化対策（CO_2削減）、熱帯雨林保護を目的とした不法伐採材料の利用禁止などの地球環境を意識した活動をさし、調達面でも、自社で方針や基準を明確にして取り組む必要があります。

　今後の調達資材については、脱炭素社会をめざした地球規模での制約を配慮することが必要です。

（3）調達における環境配慮の例

1）木材・木質材料の調達における配慮

- 認証材の調達：第三者機関が認証した材料の調達（FSC（Forest Stewardship Council）認証等）
- 植林材の調達：国や地域で植林材として認めた材料の調達

- 不法伐採不採用：原産地証明書がない材料の調達禁止
- 未利用材の活用：国内のスギやヒノキ等伐採期を迎えた未利用材の利活用

2) 調達における輸送手段への配慮

海外を含め、調達をするには輸送が必要です。輸送手段は空路、海路、陸路などがありますが、いずれにしても輸送時に発生する CO_2 の抑制にも配慮した調達が必要です。

外注管理

3-1 外注管理の基礎知識

1 外注管理とは

外注管理とは、主に以下のような活動をさします。

- 経営方針が堅実で業務内容が安定した外注先を選定する
- 技術能力に応じた協力を外注先より得て、自社製品の品質維持・向上を図る
- 合理的に原価の引下げを進めるとともに、外注先の実利も確保し、外注先の自主的な経営管理をより充実したものにする

管理する側である自社の立場から、もう少し具体的に捉えると、外注管理の業務を合理的に運営することによって、自社の製品および部品の品質を確保し、維持向上させるとともに、市場に対応できるコストの実現を図り、同時に自社の生産活動を安定化させることを狙いとした活動だといえます。

2 外注の定義

「外注」は法律等で明確に規定された契約形態ではないため、さまざまな意味合いを含む契約関係だといえます。

本書においては、自社(発注者側)の指定する設計、仕様、納期によって、外部の企業(受注者側)に部品加工または組み立てを委託する契約関係を「外注」と定義します。

この定義に該当する法的に規定された契約は「請負契約」に当ります。

　請負契約とは、「業務受注者が、委託された業務を完成させることを約束し、業務発注者は完成された仕事の結果に対して報酬を支払う契約」のことです。そのため、請負契約において業務の請負人（受注者）は、仕事の完成に対して結果責任を負わなくてはなりません。もし仮に完成された仕事にミスや欠陥が見つかった場合には、請負人は仕事の修繕をしたり、場合によっては損害賠償を払わなくてはいけません。

3　外注管理の考え方

　外注管理の考え方をまとめると、次のようになります。

- 外注先に対して、自社の経営基本方針、調達・購買外注方針を十分に理解していただくとともに、自社との真の協力体制を確立する
- 常に外注先の実態を把握し、外注業務の円滑な運営ができるようにする
- 外注先と連絡を密にして、積極的な情報交換を継続するとともに、自社の外注方針に基づいた指導を行って、品質の維持向上、原価の低減、納期の確保をめざす
- 外注先からの改善提案があった場合は、積極的に検討し、成果実現に向けて共同作業で具体策の明確化を図る
- 外注先への援助を行う場合には、明確なルールを社内規定として別途定めて管理し、不公平感が生じることのないように配慮する
- 外注先からの技術力向上や人材育成等に関する支援要望に対する基本姿勢として、可能な限りの協力を徹底する

3-2 外注先の選定と調査

1 新規外注先の必要性判断

　新規外注先を設定するためには、下記に挙げた設定の基準に基づいて検討する必要があります。一時的な仕事量の増加や、個人的なつながりだけで安易に外注先を増やすことによって、従来の外注先を不安に陥れるようなことは慎むべきです。なぜなら、外注先の安定した事業運営は自社にとって重要な要素だからです。

　まず、会社がすでに取引を行っている外注先で、新たな資材についての外注の可能性を検討することが必須です。そして、既存の外注先では対応できない状態が出てきた場合に、新規外注先の検討を進めることになります。

　新規外注先が必要と判断するときの基準として、次の3つが挙げられます。

① 既存の外注先が保有していない特殊技術が必要な場合

② 品質・価格・納期・サービス等の面で、従来の外注先に問題があり、その改善が期待できない状況で、かつ従来の外注先と入れ替えが可能な場合

③ 2社購買の方が有利な状況にあり、残る1社を決める場合

　仕事量が急激に増加した場合でも、まず従来の外注先との間で対応を検討し、増産体制をとることがその外注先には不利と判断されるときのみ基準②を適用し、新規外注先の選定に入ることが必要です。

　外注先を増やすことは調達・購買先を増やすことになり、結果として管理が増えることにつながり、業務効率から見ても問題となります。安易に外注先を増やすことは避けるべきです。

2　新規外注先選定の基準

外注先の選定は、以下の基準に基づいて行う必要があります。

- 自社の経営方針および調達・購買方針を十分理解し、常に積極的に連携を保ち、協力的である
- 経営方針が明確で、かつ事業運営が堅実で、業績内容も安定しており、信用度が十分に高い
- 技術力が当該の業界において優れている
- 品質の維持向上に対して意欲的であり、納期が確実である
- 価格が適正で、合理化追求に対しても意欲的である
- 人材育成や技術力維持のための社内体制ができている
- 環境基準や法適合に対しての十分な対応体制があり、基準を厳守できている
- その他、契約条件の履行に対し誠意ある対応をとることのできる体制がある

　上記の基準で新規の購買先候補となる会社を調査し、それを満たした会社との取引に関する自社内決裁が下りた後に、実際の取引を開始します。

　ただし、下記に挙げる外注内容については、一定の試用期間取引を経た後（たとえば3か月）に正式契約を行うといった慎重さが必要になります。

- 製品の組立外注
- 重要指定資材の外注

　なお、これらの外注内容に対しては、外注担当責任者が試用期間取引の終了時点で、別に定めた基準に基づいて試用期間の成績を査定し、最終取引開始の決裁を受けるような対応も考慮する必要があります。

3-3 具体的な外注管理業務

1 調達・購買担当者が関わる外注管理業務

　調達・購買担当者が行う具体的な外注管理業務としては、次の9項目があげられます。

　① 品質の維持

　② 単価の決定

　③ 発注計画の作成

　④ 注文書の発行

　⑤ 材料の支給

　⑥ 納期の管理

　⑦ 生産能力、技術力、技術・業務管理能力の把握

　⑧ その他の経営内容、組織の情報収集

　⑨ 共同改善計画の推進

　特に①、⑦、⑧の業務は重要です。品質を含めてこれらの情報を把握しなくては、管理しているとはいえません。書類の提出を依頼するのみではなく、定期的な外注先訪問や定期的な会議等をもって情報収集に努めることが必要です。また、材料を支給している場合には、外注先での現品管理が正しく行われているか、目的以外の材料流用や無断での材料処分がないかなどを確認し、契約違反の行為がないように管理しなければなりません。

　さらに、支給単価についても、常に市況に合致した価格とするために、定期的に見直し、改定をする必要があります。

2　外注先との共同改善計画

　外注先とは共存共栄をめざす関係にあります。そして共存共栄は、購買においていかに競争原理を働かせるか、また同時に、購買先とともに改善活動を進められているかにかかっています。

　競争と共同改善によって、相互メリットを実現するのが真の共存共栄といえます。外注先との共同改善は、新商品開発や生産構造改革、原価引下げなど広範囲に及ぶ改善計画です（**表3-1**）。

表3-1　共同改善計画の5原則と共同改善可能なテーマ

共同改善計画の5原則

1 外注先とは対等の立場で共同改善計画を展開する

2 両者の壁はできるだけ低くする

3 互いに知りえた情報や秘密は他に漏らさない

4 相互の利益配分は、積極的かつ速やかに結論づける

5 良好な取引関係を維持しつつ、同時に友好関係に埋没せず、
　 購買外注本来の競争原理を貫いて合理的に行動する

共同改善可能なテーマ

1 **新商品開発生産化共同改善計画**
　① 商品開発と原価計画共同改善
　② 新商品生産化立ち上げ共同改善
　③ 購入方式とその他の業務改善

2 **生産構造改革の共同改善計画**
　① 総合的長期生産体制計画
　② 戦略的内外作計画
　③ 技術体制計画
　④ 戦略的省力化共同改善計画
　⑤ 損益分岐点比率切り下げ共同計画

3 **原価引下げ共同計画**
　① コストダウン共同分析および
　　 価格分析による共同改善
　② 原価引下げ調整

4 **調達・購買管理共同改善計画**
　① 連帯購買
　② 相互購買
　③ 納期改善
　④ 基準日程短縮
　⑤ 在庫削減

5 **品質共同改善計画**

6 **外注先弱点の自主強化活動
　 への支援改善計画**

7 **中長期計画の摺り合わせ**

3-4 外注先の診断および評価

　調達・購買担当者は外注先を定期的に診断し、その結果として必要な対策を実施して、常に外注先の水準を維持・向上させることに努める必要があります。

　診断にあたっては、外注先の実情および重要性に応じて具体的な方針を立て、計画的に実施します。

　外注先の診断には、少なくとも以下の事項を含める必要があります。

- **経営全般**：経営管理、経営姿勢、財務力
- **技術**：商品技術力、生産技術力、評価技術力、IT技術、技術者・技能者育成
- **生産体制**：生産管理力、保全、生産力、品質つくり込み力、作業管理・教育
- **納期**：納期対応力
- **品質**：品質管理、品質実績
- **調達・購買**：購入方法、調達先
- **コスト力**：合理化意欲、価格低減意欲、コスト力全体
- **環境対応**：体制、環境法令対応
- CSR（Corporate Social Responsibility）：情報セキュリティー、法令遵守、危機管理

　以上を経営能力、管理能力、生産能力、開発能力に分類し、評価します。各社の診断結果に基づき、外注先全体を層別管理する考え方も必要です。調達・購買先診断表の事例が**巻末資料23**にありますので、活用ください。

3-5 外注政策

1 戦略的内外作の検討

　部品や製品を内作するのが得策か、外作するのが得策かを検討するときには、考慮すべき条件を事前に抽出したチェックリストを用いて、検討を充実させる必要があります。外作の可能性を含めて検討する場合、いま目の前に見える条件だけで判断を急ぐと、誤りを犯す可能性もあります。

　何も問題や課題がなければ、当然のことながら内作という選択肢しかないはずですが、何らかの解決すべき課題や必然性があるために外作という選択肢が検討の対象になってくると考えられます。すなわち、判断する目の前には外作という結論に結びつく可能性が高い条件が存在するわけです。

　周辺の関連条件、時間経過後の条件、さらには今後の製造戦略や事業戦略といった条件を考慮した検討をぬかってしまうと、目の前に見える条件だけに誘導された誤った判断をしてしまう可能性が高い、という認識を持つ必要があります。

　このような事態を避け、より正しい判断を行うために、さまざまな条件を考慮したチェックリストを準備することが重要になります。切口を変えた2種類のチェックリスト事例を**巻末資料24、25**に収録していますので、活用ください。ひとつ目は、内作または外作の結論が自ずと決定される重要な判断条件をまとめたチェックリスト事例です。2つ目は、戦略的位置づけから内作および外作を捉えて判断するためのチェックリスト事例です。

　もうひとつの留意事項として、内作外作を検討する際には、調達・購買部門だけでなく、他部門も含めた多角的な視点で、自社にとって最も有利な選

択をめざすことが必要かつ重要です。

2 購買先の集約再編成

　購買先を管理する発想がなければ、その数はどんどん増えていきます。たとえば、製品や設計が変わるたびに、新規購買先が必ずといっていいほど増えます。一方、発注が減少した購買先も従来通り残ります。また、競争力がすでになくなっていても、惰性的に取引が続いているところもあり、全体として購買効率を悪くしているといえます。成り行き任せの購買先整理ではなく、戦略的な観点から明確な意思に基づき、以下の事例のような集約再編成を行う必要があります。

- 工程外注・部品外注からユニット・完成品発注に切り替えるための集約再編成
- 設計から完成、納入までの一貫発注のための集約再編成
- 技術集約機能、生産管理能力を持っている企業への一括発注のための集約再編成

　これからの技術進歩や厳しいコストダウンに対応するためには、資材購買業務の効率化に向けて、一層の集約再編成が推進・強化されなければなりません。

　集約再編成においては、外注先の定期的評価と、評価結果に対応した改善活動の成果が重要な判断情報となります。たとえば、評価結果から明らかになった課題事項に対して、改善対応が十分にできない外注先に関しては、集約を含めた再編成を検討することが必要になります。

3-6 受身の購買外注から攻めの外注管理

　調達・購買部門は、製造や設計部門などの要求に応じて、必要資材を遅滞なく供給するサービス部門です。しかし、このサービス的な日常の維持管理業務だけが調達の仕事だと考えるのでなく、利益を生み出す調達業務へと業務自体の改革を進める必要があります。

　そのためには、製造などの資材要求を受けてから行動を起こす受身の購買ではなく、自ら目標と方策を決めて行動する、攻めの購買を展開しなければなりません。

　受身の調達・購買外注から、攻めの調達・購買外注へと転換を図るための切口となる基本課題としては、以下の事項が挙げられます。

- **品質**………受身：品質トラブルの後始末
  - 攻め：無検査品拡大のための出荷品質保証体制の確立と初期流動の充実徹底
- **納期**………受身：納期督促と遅延対策に終始
  - 攻め：問題資材への先手調達管理、調達リードタイムの短縮、納期別注文書による管理
- **コスト**……受身：勘と経験だけの価格交渉
  - 攻め：価格詳細分析、準備・計画・目標を明確にした交渉の徹底、コストダウンの協調推進
- **外注政策**…受身：競争力を喪失した購買先とのマンネリ取引化、売り込み待ち型の新規購買先開拓
  - 攻め：購買先の定期評価とフィードバックの徹底実施、購買先の体質強化に向けた支援体制確立、新規購買先開拓のシ

ステム化、購買先の集約再編成

- **情報購買**…受身：受動的情報把握と個人ワザによる情報活用

  攻め：体系的情報収集と情報活用のシステム化

- **技術購買**…受身：開発・設計の期待レベルと購買側実力の格差、設計仕様
  決定後の事務処理的購買

  攻め：新技術、新資材の積極的情報収集と自社内展開、購買先
  技術の積極活用に向けた連携強化

- **方針管理**…受身：方針の明確化不十分、方針の徹底管理不十分、方針解釈
  もマチマチで行動が方針と乖離

  攻め：方針の明確化、方針管理の徹底、自部門および購買先を
  巻き込み、方針に則した課題解決を徹底

- **目標実現**…受身：具体的目標と目標実現の方策が不明確

  攻め：部門目標を個人の目標と方策に具体化、部門の重要課題
  の解決に向け、個人の動機づけを徹底

- **人材育成**…受身：納期督促、トラブル対策主体の購買業務に終始、自社の
  中枢事業に貢献できる購買先の不足

  攻め：自社事業に貢献できる調達・購買担当者の育成、事業運
  営パートナーとしての実力と成長可能性を持った購買先
  の体系的育成

　受身からの脱却と攻めの調達がいかに重要であるかを十分に理解したうえ
で、部門として具体的に何をどのように変えていくのかを明確にする必要が
あります。同時に調達・購買担当者としても、自らの業務活動内容について、
何をどのように変えていくのかを具体的にすることが重要です。

　攻めの調達が真の成果を上げるためには、購買先自らのレベルアップと購
買先との協調強化も重要な要素です。

第4章

最適価格の選択

4-1 価格（プライス）と原価（コスト）

　購買先から示される見積価格は、あくまでも売り手の期待値としての販売価格です。この価格（プライス）が最適であるかどうかを、買い手が確認し査定するには、その物の原価（コスト）を明確にしておく必要があります。

　原価（コスト）を明確にするためには、原価の内訳を正しく理解したうえで、必要な情報を収集し、計算（原価計算）を行う必要があります。

　原価計算を行うには、原価を構成する複数要素ひとつひとつを明確にして、すべての構成要素ごとの基準コストと所要量を把握する必要があります。各構成要素別に部分原価を算出し、それらを累計してトータル原価を決定することになります（**図4-1**）。

　また、ものづくりに必要な構成要素ごとの基準コストを、いつでも取り出せるようにファイリング管理した情報の集合体をコストテーブルといいます。

　このコストテーブルは、買い手が最適価格を見極めて、必要とする資材を妥当な価格で買うための重要な手段だといえます。

　「価格はお客様が決めるもの、原価は自社努力で決められるもの」といわれています。競争相手が多いビジネスでは、値引きをしないと受注できないことがよくあります。これは、価格は市場における自由競争の中で決まるものであって、買い手に決定権を握られていることの表れだといえます。一方、原価は設計とつくり方の良し悪しで決まるもので、売り手の努力で下げることができます（**図4-2**）。

　価格と原価は別物であることを十分に認識することが重要です。最適価格での調達・購買を実現するためには、多数社から見積を取ったうえで、プライスではなくコストによる判断で、それも原価を構成する要素（原価要素）

ごとのコストで判断し、ベストプライスの実現に向けて交渉を行うべきです。

「価格」を「原価要素」に分解して把握することが重要

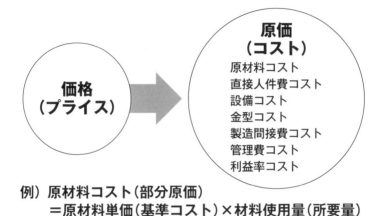

例）原材料コスト（部分原価）
　＝原材料単価（基準コスト）×材料使用量（所要量）

図4-1　価格と原価の関係

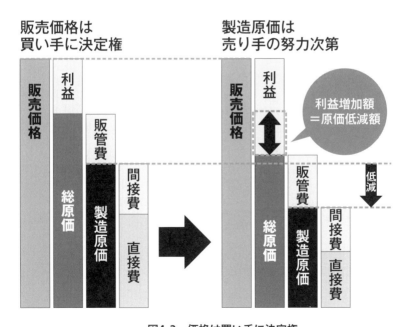

図4-2　価格は買い手に決定権

4-2 最適価格をめざした見積の進め方

1 見積業務のプロセス

調達・購買担当者にとって、適切な見積依頼先を持っていることが重要です。そのためには、日常から情報を収集・調査し、資材品目ごとの見積先候補をリストアップしておく必要があります。購買先ごとの強み・弱みを把握し、見積対象品の加工内容や数量に適したところを選定することが求められます。

一方、商品開発プロセスにおいては、まず商品の目標原価が設定され、各部品への目標原価割付も確定し、見積対象品リストが決定されます。商品開発プロセスの上流段階に見積対象品が示されれば、調達・購買担当者の活躍の場が大きくなりますが、購買先や価格がほぼ決まった時点で、調達・購買部門に話がくるような状況だと、最適価格の実現は難しくなります。

見積業務プロセスを**図4-3**に示します。見積依頼は条件を明確にして、明文化して依頼することが基本です。全体企画数や具体的発注数は価格に大きく影響するので、将来問題にならないよう、正しく伝える必要があります。

2 見積依頼の前提条件

見積依頼をする時点で、以下の6つのことが検討され、明確になっている必要があります。これらが不明確だと、業務が後戻りし、競争力のない見積価格が提示されてきます。

① 見積対象品の原価内容や原価低減の必要性を理解していること

② 商品や各部品の目標原価、企画数が明確になっていること

③ 各部品は、内作するのか、外作するのか検討されていること

④ 余分な仕様や過剰な機能が、すでに検討され排除されていること

⑤ 十分設計が検討され、製造上のムリやムダ、つくりにくさや組み立て
にくさがないこと

⑥ 目標原価は無茶ではなく、達成できる見込みがあること

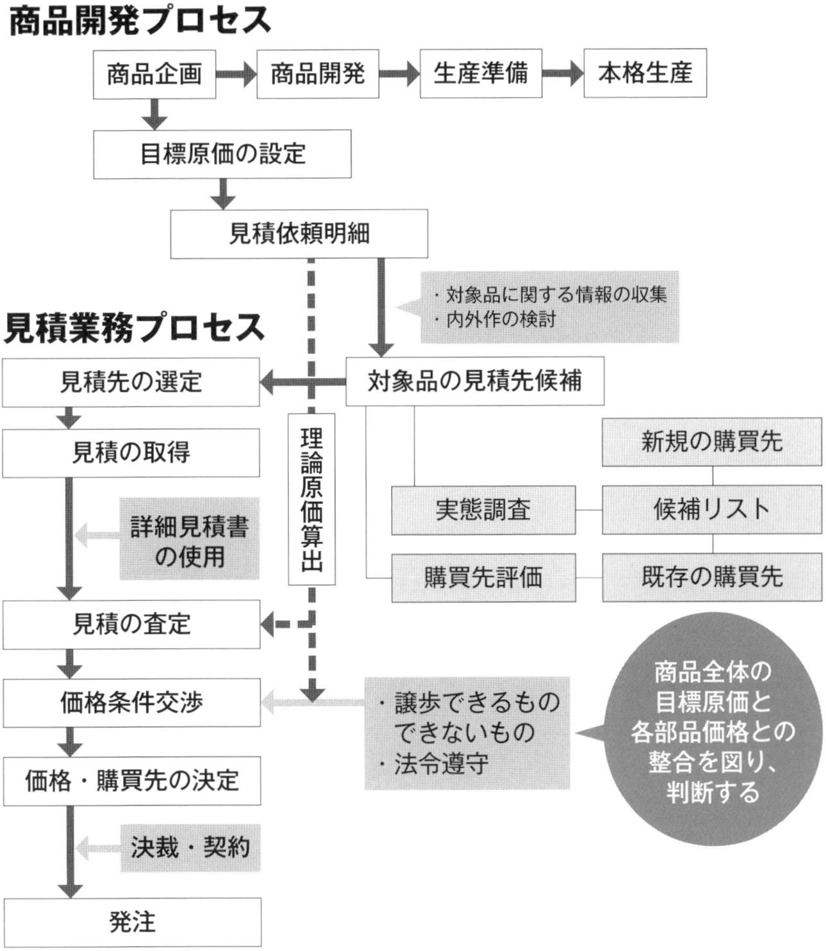

商品開発プロセス

図4-3　見積業務プロセス

125

3 詳細見積の必要性

複数社から詳細見積書を取ることを基本とします。詳細見積書とは、材料費、加工費、管理費などの明細がわかる見積書のことで、項目ごとに比較検討できる見積を取ることが非常に重要だといえます。いいかえれば、一社・一行見積では最適価格の実現は難しいということです。特に自社の要求仕様を明示した図面に従って対象品をつくってもらう加工部品では、詳細見積書は不可欠です。

詳細見積書によって原価構成の内訳が明らかになり、材料費、加工費、経費それぞれの詳細を把握することで、価格が適正なのかを見極めることができます。また、複数社間の原価構成を比較することで、各購買先間の強み・弱みも見えるようになります。何故その違いが出るのかを検討し交渉する過程で、原価低減の切口を見つけ出し、具体化することも可能になります。すなわち、細かく比較検討すればするほど、多くのアイデアが出て、原価低減を実現する可能性が高まるといえます。

購買先がオンリーワン技術等を持ち、その他では購入できないときは、1社見積にならざるを得ませんが、そうした場合も従来品や類似品との比較検討を行う必要があります。集中購買品で、その購買先から買うことがほぼ決まっている場合でも、他社からの相見積を必ず実施します。

今後の安定供給や購買先間の競争関係を維持することも考慮すると、複数社から見積を取るだけではなく、購買自体も複数社から行うことを原則とする必要があります。しかし、複数購買が狙いの効果を出すためには、ある程度の購買量が前提となることに注意する必要があります。

4 見積の妥当性確認

見積業務での重要なプロセスのひとつが、見積価格の妥当性評価です。見

積内容に記載された原価要素ごとの合理性を確認し、その結果から交渉相手先を絞り込みます。具体的には、原価要素ごとに各購買先のコストを現行品コストも含めて比較し、特異なデータがあれば購買先に確認します。

　このとき、専門家にアドバイスをもらうことや、見積ソフトやコストテーブルを活用することも有効です。材料重量、屑量、加工時間、切替時間、稼働率などは、実際に現場に行き確認することが基本です。現場確認のときだけ加工時間を遅くすることなどがないよう、現場の作業手順書なども併せて確認する必要があります。このようにして現場の実測値と見積書の内容を比較し、妥当性の確認を進めます。

5 見積の査定

　次に、自社で理論原価を算出します。理論原価は、材料費（使用量と単価）、加工費（加工時間と加工費レート）、その他の経費を算出して計算します。そして、この理論原価を基に見積書の査定を行います。すなわち、原価要素ごとに理論原価と見積書内容とを比較し、理論原価との差がある原価要素について詳細を確認することで、見積内容の課題ポイントや見積価格引下げの交渉ポイントを明確にします。

　このような査定ができるようになるためには、原価要素に対する知識や経験の積み重ねがある程度必要ですが、コストテーブルの活用や、自ら聞きまわり、調べまわることによって、不足分をカバーするのも有効な策です。

　ここで、理論原価に基づいて見積の査定を進めた結果、見積対象品に対する当初の目標原価を達成できそうであればよいのですが、目標原価に届きそうにない場合も出てきます。そうしたときには、商品全体としての目標原価の達成見込みはどうかを検討し、達成可能なら完了となります。商品全体でも未達成の可能性が高い場合は、商品や部品の仕様見直しを含めて、目標原価に近づける方法を粘り強く考えて、対策を進めることが必要になります。

4-3 コストテーブル

コストテーブルは、ものづくりに必要な原価要素ごとの基準コスト情報を、必要なときに必要なデータが取り出せるようにファイリング管理したものをいい、データベースの一種に当ります。このデータを使用して対象品の原価計算を行います。

1 コストテーブル活用の期待効果

コストテーブルを活用すると理論原価が計算でき、根拠ある価格交渉ができます。しかし、それ以外にも**図4-4**のような効果が期待できます。

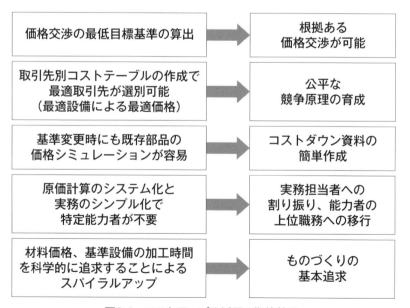

価格交渉の最低目標基準の算出	根拠ある 価格交渉が可能
取引先別コストテーブルの作成で 最適取引先が選別可能 （最適設備による最適価格）	公平な 競争原理の育成
基準変更時にも既存部品の 価格シミュレーションが容易	コストダウン資料の 簡単作成
原価計算のシステム化と 実務のシンプル化で 特定能力者が不要	実務担当者への 割り振り、能力者の 上位職務への移行
材料価格、基準設備の加工時間 を科学的に追求することによる スパイラルアップ	ものづくりの 基本追求

図4-4 コストテーブル活用の期待効果

2 コストテーブルの種類と使用目的

　コストテーブルには、調達・購買部門が見積書の査定に使用する情報だけではなく、新商品を開発するときの設計見積に使用する情報や、営業が顧客に提出する見積書を作成するときに使用する情報など、多くの種類と活用方法があります。当然のことながら、活用目的によって必要な項目や、要求される精度が違ってきます。

　また、コストテーブルには、大きく「推定方式」と「積上方式」の2種類があります。「推定方式」とは、現行品や過去のシリーズ商品から新商品のコストを推定する方式です。「積上方式」は、部品構成表などに基づいて部品の材料費や加工費を一点ずつ積み上げていく方式です。通常は、現行品から新商品のコストを推定し、新規部品については積上方式で原価計算をするなど、併用しながら使用します。

　コストテーブルの作成には、大きな工数が必要です。コストテーブル導入の期待効果が大きいとしても、周到な準備と検討が必須となります。特に「積上方式」のコストテーブルの作成・導入にあたっては、さまざまな分野の専門家に多くの工数を割いて取り組んでもらう必要があります。

　したがって、コストテーブルの導入を決めた場合も、コストテーブル活用の原価低減効果と、作成や保守（メンテナンス）の大変さを十分認識したうえで、自社に合った規模で計画すべきです。しかし、もし自社にコストテーブルに類するものが何もなかったならば、原価低減活動も担当者の勘と人脈に限られることになり、行き着くところは購買先に協力依頼するしか方法がないということになります。これではコスト競争力のある製品を期待するのは難しい状況になってしまいます。少なくとも、過去の見積書をベースに原価要素ごとに基準をまとめ、新しい見積書と比較検討ができるようにすることから開始する必要があります。

3 コストテーブルのつくり方

本格的なコストテーブルをつくり上げるには大きな工数が必要ですが、本当に必要と思える対象から始め、小さくつくって大きく育て上げる方法もあります。具体的には、まず会社としての原価低減方針と方策を決め、現時点で入手可能な範囲で、原価要素ごとのベストコスト情報を収集します。そして、価格交渉を行うごとにコスト情報の拡大と充実を進めて、内容のスパイラルアップを図る活動を継続していきます。そして、効果が確認できたならば、本格的なコストテーブルの作成を開始するという進め方です。

（1）よいコストテーブルの条件

ひとつ目は、コストテーブル情報の精度が高く、信頼できる内容で、現実に適合していることです。2つ目は、使い方やメンテナンスが容易なことです。3つ目は、汎用性が高く、多くの製品や工場、多くの国に展開可能なことです。

（2）メンテナンス

コストテーブルのメンテナンスは、つくるより大変といわれるくらい骨の折れることです。メンテナンスが悪いため使われなくなったコストテーブルは、数多くあります。常に材料価格の変動に注意し、同時に新材料・新工法などの技術進歩を把握しておく必要があります。さらに、購買先の新しい設備や工法を見ておくことなどを徹底し、コストテーブルを最新版に保つ努力が必要です。

（3）市販の見積ソフトの利用

自社に専門家も製造技術もない部品の見積をチェックするコストテーブルをつくるのは難しく、特に積上式のものは不可能に近いといえます。このような場合は、市販されている板金加工、金属加工、プラスチック成形加工、

130

組立加工などの見積ソフトを利用することができます。少し専門知識を学ぶことによって、自社に合わせたアレンジをして活用することもできます。

（4）本格的なコストテーブル

コストテーブルをつくり上げて利用を開始するまでの手順を以下に示します。

① コストテーブル作成目的の明確化

② コストテーブル活用に期待することの明確化

③ コストテーブル作成の対象品、対象加工工程の明確化

④ コストテーブル登録項目の明確化

⑤ 登録項目の調査方法と対象購買先の決定

⑥ 原価算出対象品の入力必要項目の明確化

⑦ データベースとしての全体構造の明確化

⑧ 材料重量の算出基準、加工時間の算出基準、使用設備選定基準の設定（具体的な算出式の決定）

⑨ 原価算出式の整合と決定（対象品ごとに決定）

⑩ 原価算出システムの作成

⑪ データ保管システムの明確化（データの吸い上げとメンテナンスの方法、実施タイミング、データ関連業務の担当部署の決定）

⑫ 基準データのスパイラルアップ担当部署・担当者の決定（基準データをいつ、誰が、どんな基準で見直すかの決定）

⑬ コストテーブル活用のための全社教育の実施

⑭ 本格活用に向けての実施準備期間の設定

⑮ 本格活用の実施

いずれにしても、つくり上げる大変さと効果を十分認識したうえで、事業の規模に合ったコストテーブルを完成させ、活用につなげることが重要です。

第**5**章
資材購買戦略の構築

5-1 有利購買実現の必要性

　調達・購買部門が果たすべき究極の役割である「事業利益の追求」を、具体的な活動として捉え直すと、それは「目標原価の達成」にほかなりません。利益は売上から原価を差し引いた結果として得られるものです。売上が一定の場合、計画通りの利益を実現しようとすると、原価が計画通りになっている必要があります。すなわち、目標通りに原価が達成されていることが利益実現の重要な条件であるといえます。

　ここで、何のために利益を追求するかといえば、それが事業を継続するための必須条件であるからです。そして利益実現のためには、事業で扱うひとつひとつの商品単位で「目標原価の達成」が求められます。これは、ある商品について原価が目標未達成になること、すなわち利益が目標未達成になることを許容する状況が生まれると、利益未達成となる状況が複数商品に拡大し常態化することになるからです。これが継続すると、ついには、事業全体としての利益悪化につながり、さらには事業の継続自体が怪しいという状況にまでいたることが考えられるからです（**図5-1**）。

　「目標原価の達成」という役割を果たすための前提条件として、調達・購買を買い手にとって有利な条件で実現できる環境整備が必要となります。すなわち、調達・購買の役割である「目標原価の達成」を具体化するためには、環境整備としての「有利購買の実現」が必要になるといえます。

　有利購買の実現への具体的施策としてはさまざまな切口がありますが、次のように整理することができます。

- 各社への発注比率の見直しによって競争状態を創出
- 競争関係にある複数購買先の確保
- 競争力を持つ新規購買先の開拓
- 一般競争と指名競争を組み合わせた入札の導入
- 競争を制限する調達部材の仕様変更
- 競争力のある購買先への支援強化による安値誘導
- 受注獲得に向けた購買先側の価格政策の活用
- 品質レベルの格付導入等による非価格競争の利用
- 内製化計画案を提示することによる牽制
- 手形から現金取引への変更

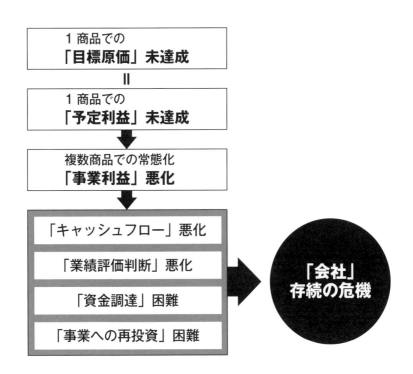

図5-1　目標原価達成の重要性

5-2 調達・購買戦略とは

　有利購買を実現するためには、調達・購買部門を中心とした組織的な活動を徹底することが必要となります。この活動の基本方針を具体的に明示したものが、調達・購買戦略そのものにほかなりません。

　具体的な説明を始める前に、まずは調達・購買戦略とは何かを定義しておきます。

> 【調達・購買戦略の定義】
> 品目区分ごとに、対象資材の調達・購買手段を根本的に今後どう変えていくのかを明示したもの

　ここではまず、「根本的に」と「変えていく」とに着目してください。部分的な変更、すなわち改善レベルでの活動をめざした施策の提示ではありません。本質的な課題に注目した基本からの変更、すなわち変革・革新レベルでの活動をめざすのが調達・購買戦略なのです。

　次に着目していただきたいのは、「どう変えていくのか」です。「どう」には2つの意味が込められています。ひとつは「何をめざして」、もうひとつは「何を手段として」の2つを意図しています。「何をめざして」をいいかえると、変革の方向性や最終的に実現したい状態ということになります。また、「何を手段として」は実行内容としての施策を示します。

　整理すると、調達・購買戦略には、変革活動を進めるにあたっての方向性と、実現に向けた重点施策が具体的に示されている必要があるといえます。

　なお、前節で説明した有利購買を実現するための具体的施策は、調達・購買戦略の構成要素である重点施策の事例に当るといえます。

　調達・購買戦略についての理解を深めてもらうために、いくつかの事例を以下に示します（**図5-2**）。

- タイにおける現地調達への切り替えをめざして、他部門の先行現地会社が持っている既存の調達先活用を積極的に進める
- 国内調達の合理化をめざして、既存の重点調達先3社への発注比率を見直し、競合創出を徹底する
- 中国からの調達実現をめざして、新規購買先の開拓を進める

　また、調達・購買戦略としては不十分といえる事例も同時に示します。

- 海外調達比率30％の達成（具体施策の明示なし）
- 集中購買品目比率60％へのしくみ構築（具体施策の明示なし）
- 調達部品標準化の徹底（方向性、具体施策ともに不明確）
- 購買先集約、峻別の推進（方向性、具体施策ともに不明確）

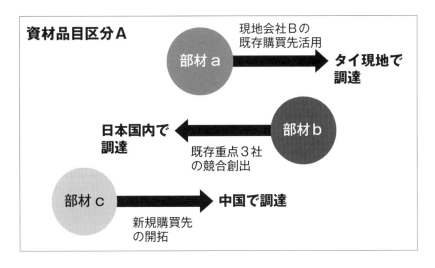

図5-2　調達・購買戦略のイメージ

5-3 さまざまな購買方式

　調達・購買戦略の重点施策として、調達方法すなわち購買方式を変革するという手法が多く活用されます。採用すべき購買方式を的確に見極めるためには、まずは購買方式そのものについて知る必要があります。そこで、代表的な購買方式について、その特徴を整理します（**巻末資料26～30**）。

（1）集中購買方式

　全社の複数事業所で扱う購買品目を、1か所でまとめて購買する方式です。

（2）分散購買方式

　各事業所で扱う購買品目を、それぞれの事業所で購買する方式です。

（3）折衷購買方式

　全社まとめて1か所で集中購買する品目と、事業所単位で分散購買する品目の2つに区分し、組み合わせて購買する方式です。

（4）共同購買方式

　自社のみでは購買量が少なく有利な購買ができない場合や、購買体制が弱体すぎて有効な調達・購買戦略を打ち出せない場合に、他社と共同して購買する方式です。

（5）数社購買方式

　1社のみからの購買を避け、複数業者からの購買を原則とすることで、

競合状況を常につくり出すとともに、1社購買による供給停止のリスク回避を狙いとした購買方式です。

（6）数社見積1社購買方式

　購買先を決定するための見積は複数業者に依頼するが、最終の購買先は1社とする購買方式です。金型や治工具を必要とする品目で、数社購買ではそれぞれに投資が発生する場合や、発注総量が少なく分散することによって逆に不利になる場合に適用される購買方式です。

（7）メーカー直接購買方式

　ムダな中間業者を介する必要がなく、仕様・品質・納期・価格などの整合も必要に応じて直接行えるため、多くの企業で原則的に採用されている購買方式です。

（8）商社経由購買方式

　メーカー自体が代理店制を前提としている場合や、発注総量が少なすぎてメーカー直接購買が困難な場合にとられる購買方式です。メーカーに近い一次代理店や機能面で充実した商社の選定が必要です。

（9）当用買い方式

　必要な量を必要になったタイミングで購買する方式です。完全な受注生産のように在庫を持っても消費できるかどうか不明な場合や、見込生産でも短納期の品目に適用される購買方式です。

（10）在庫ゼロ購買方式

　自社が所有する在庫量を常にゼロにして、必要な量を必要なタイミングで使用することを可能とした購買方式です。

1）多頻度小口納入方式

必要なときに必要な量だけを小刻みに購買先が納入し、倉庫での一時保管なしに直接製造ラインに投入する方式

2）コック方式

自社倉庫を購買先に貸し、購買先がこの倉庫で資材を保有管理して、製造ラインへの出庫業務も代行する方式（出庫即買入となる）

3）預託方式

購買先は資材を自社側に預託するだけで、保管管理と出庫業務は自社側が行う方式（使用した数量が購買量となる）

5-4 戦略構築の進め方

1 品目ごとの購買実態の把握

　調達・購買戦略の構築、すなわち戦略の具体化を進めるにあたり、まず現状分析と将来展望の明確化が必要になることを説明します。

　現状の調達・購買手段に何らかの課題がある場合、現状を変えていく戦略が必要とされます。この課題が何であるのかは、現状分析を行って初めて明確になります。さらに、現状分析を通じて課題を生ずる原因および課題解消のヒントを把握することもできます。

　次に、戦略を構成する要素である活動の方向性に着目します。この方向性は、将来展望があって初めて具体化できるものです。つまり、将来のあるべき状態やこれからめざすべき方向が将来展望であり、この形を変えたものが戦略における方向性にほかなりません。また、将来展望を明確にするには、業界など世の中全体の現状と今後を分析して把握するとともに、自社の実態を分析し把握することが必要です。すなわち、現状分析が将来展望の明確化にも必要であるといえます。

　第1のステップとして、現状分析をどのように行っていくのかについて説明します。

　調達・購買の現状課題が何なのかは、購買実態の中に埋もれています。したがって、具体的な現状分析は購買実態の把握から始めることになります。購買品目全般をひとまとめにして実態を把握しても、明確な形で課題を浮き彫りにするのは困難です。そこで、品目ごとに区分して購買実態を把握するのが現実的な進め方となります。品目区分の考え方としては、大区分 ⇒ 中

区分 ⇒（必要に応じて）小区分 の3段階程度が細かくなりすぎないやり方だといえます。大・中区分の具体例を**表5-1**に示します。

　また、購買実態を具体的に把握するために、5つの指標を決めて必要な情報を収集します。指標の内容について、**表5-2**に整理します。

表5-1　品目区分の事例

大区分	中区分
原材料	鉄鋼、非鉄金属、貴金属、樹脂材料、木質材、その他
加工部品	金属加工品、樹脂加工品、木質材加工品、 紙加工品（段ボール、紙器）、印刷加工品（取説、銘板）、その他
カタログ購買品	電気・電子部品、機構部品、ねじ類、その他

表5-2　購買実態指標の事例

指標	具体内容
購買先	・現状の購買先に加えて過去の購買先も把握 （過去5年程度をさかのぼって把握）
購買量	・全体購買量および購買先ごとの購買量 ・購買量の変化（過去5年程度をさかのぼって） ・全体および現状第1位～第3位の購買先について
価格動向	・価格［幅］の変化（過去5年程度をさかのぼって） ・現状第1位～第3位の購買先ごとの価格変化
事業影響度	◇最終商品構成から見た部材が持つ下記影響度 ・商品機能実現に対する重要度 ・商品コスト構成におけるウェイト ・商品製造における共通使用性
調達困難度	・代替購買先の有無（購買先数） ・部材の代替可能性 ・特殊加工技術の必要性 ・パテント制約の有無

2 各品目の戦略区分の決定

購買実態の把握が終わると、第2ステップとして、購買実態に応じた重点施策を明確にします。具体的には、購買実態として把握した5指標のうち事業影響度および調達困難度の2つの指標を用いて、重点施策からみた基本的な戦略区分を次のように決定します。

事業影響度を大・小の2水準に、調達困難度を大・中・小の3水準に区分して組み合わせると、6パターンが考えられます。各パターンの特性を見極めることによって最適な調達・購買戦略を事前に明確にしておくことができます。

表5-3では、6パターンを戦略視点から4つに区分しています。ここで、戦略を決定したい品目について2指標それぞれの水準を決定することができれば、水準の組み合わせパターンに従って、その品目が採択すべき基本的な戦略が4区分の中から決まることになります。

なお、事業影響度および調達困難度の2指標について、それぞれの水準を客観的に決定するのは難しいため、主観的ではありますが複数人の協議による決定が現実的な方法となります。また、各区分に対する基本戦略の概略を表5-4に整理しています。

表5-3　戦略区分

		事業影響度	
		大	小
調達困難度	大	購買先協調戦略	調達自由度拡大戦略
	中	トータルコスト低減戦略	
	小	競合徹底戦略	

表5-4　戦略区分別の戦略重点施策

戦略区分	基本戦略
購買先 協調戦略	・供給の安定化およびキー部材としてのコスト革新継続 　を狙いとし購買先との協調を徹底 ・購買先との連携による非常時供給体制の確立
トータルコスト 低減戦略	・購買先競合以外のコスト低減策を徹底 （原材料、加工、物流等のコスト低減追求）
調達自由度 拡大戦略	・部材仕様見直しによる調達自由度の拡大 ・部材標準化、共通化による調達自由度の拡大 ・新規購買先導入による調達自由度の拡大
競合徹底戦略	・調達自由度を活用した購買先競合環境の創出 　および発注比率の見直し徹底によるコスト低減

3 戦略重点施策の具体化

　第3ステップとして、選択した基本戦略の重点施策に、購買実態を考慮した個別の戦略要素を付加し、最終的な調達・購買戦略として仕上げます。たとえば、グローバル調達の可能性について考えると、実態を考慮した戦略要素としては以下のような事例が挙げられます。

・国内外での消費分全体を海外調達化（集中購買化を含む）
　　⇒比較的容易に各地域の消費分を一本化できる場合の事例
・消費国ごとの分離調達化（国内分の海外調達化を含む）
　　⇒各地域での消費分を一本化することが困難な場合の事例（可能分だけ切り替え）
・海外の新規購買先の試験導入（消費地を限定した取り組み）
　　⇒一本化が可能かどうかの見極めが必要な場合の事例
・国内購買先との連携強化
　　⇒適切な海外購買先が現状ではない場合の事例

　参考として、戦略重点施策を具体化するための全体手順を、**図5-3**に整理します。

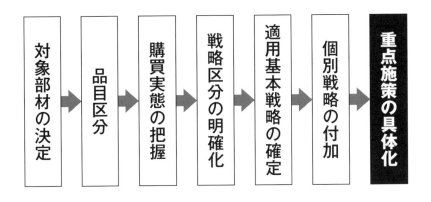

図5-3　戦略重点施策を具体化する手順

5-5 調達・購買戦略から発注方針へ

　調達・購買戦略が具体的かつ明確になったら、実際の調達・購買活動を通してその戦略がめざす状態を実現するための取り組みが必要となります。そのためにはまず、従来の調達・購買条件の何をどのように変えていくのかを、対象とする部材ごとに具体化した発注方針を立てる必要があります。その後、発注方針に沿って、具体的な調達・購買条件を変えていく活動を計画的に進めていくことになります。

　このような視点から戦略と発注方針との関係を整理すると、発注方針は戦略を具体化したものです。逆のいい方をすると、戦略は発注方針を具体化するための方向性と重点施策を示した指針に当ります（**図5-4**）。

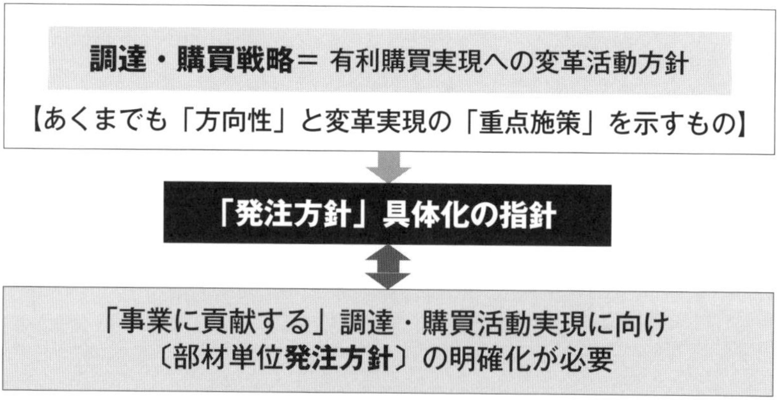

調達・購買戦略＝ 有利購買実現への変革活動方針 【あくまでも「方向性」と変革実現の「重点施策」を示すもの】
⇕
「発注方針」具体化の指針
⇕
「事業に貢献する」調達・購買活動実現に向け 〔部材単位**発注方針**〕の明確化が必要

図5-4　調達・購買戦略と発注方針

　それでは次に、明確な発注方針とはどのようなものなのでしょうか？　調達・購買条件を変えるための基本的な考え方というその役割から、「地域」「購買先」「発注比率」および「集中／分散選択」という4つの要素が発注方針

の構成要素として特に重要だといえます。ただし、これら4要素を必ずすべて含んだ構成である必要はなく、明確化のために必要な要素のみを組み合わせて発注方針を具体化すればそれで十分です。4要素の具体的内容について、**表5-5**に整理します。

表5-5　発注方針の基本要素

基本要素	具体内容
地域	・地域を限定した方針か、対象地域全体に関わる方針か ・調達する地域と消費する地域は同一か、異なるのか ・複数地域が対象となる場合の発注権限所在の特定
購買先	・具体的購買先の特定（複数購買か単独か） ・新規購買先開拓を前提とするのか ・購買先との協調を前提とするのか
発注比率	・複数購買時の購買先ごとの発注比率の特定 ・代替部材同時購買時の部材ごとの発注比率の特定 ・内外作併用時の外部発注比率の特定
集中／分散選択	・集中購買か分散購買かの特定 ・集中購買時の役割分担の特定 ・分散購買時の全体統制手段の特定

　発注方針とはどのようなものなのかを理解していただくために、具体的な事例を以下に示します。

・A社電子部品のシェアアップ

　国内事業場分の低圧定格部品の切り替えによるA社比率0％→35％

・中国メーカーB社銅条材の新規採用（中国エリア限定）

　発注比率　日本製C社：日本製D社：中国製B社＝50：30：20

・ABS（Acrylonitrile Butadiene Styrene）樹脂の調達

・国内事業場分は集中契約メーカー（E社、F社）からの調達とし、価格決定は本社が担当する

・海外事業場分は推奨海外材（メーカー品番g、h）からの選択とし、調達権限は各事業場が持つ

第6章

価格交渉

6-1 価格交渉全般の進め方

　価格交渉を進める全体手順を4つのステップに分け、各ステップの概要を以下および**表6-1**に示します。

（1）準備

　交渉の狙いの明確化、価格目標と許容限界価格の設定、見積分析結果と課題事項の整理、課題事項の解決策準備、交渉合意できなかった場合の対応策準備、自社内での事前整合、交渉全体の推進手順の明確化などを事前に準備しておくことが、価格交渉をうまく進める重要なポイントになります。

（2）交渉

　交渉については、交渉場所に応じた留意点があります。自社内の場合と相手先で交渉する場合との違いを認識して臨む必要があります。話の切り出し方や相手の真意（本音）の引き出し方についても意識したやりとりが重要です。さらに交渉が行き詰まったときにも冷静に対処し、要因解消に徹することが重要です。合意に向け、課題事項の解決策検討をリードすることで、交渉が有利に進みます。

（3）集約・合意

　交渉が合意に達したときは、合意事項とペンディング事項をともに明確にする必要があります。すなわち、各事項に対し3W（Who、When、What）を明確にします。次回会合が必要な場合は、日程を決めます。最後に、交渉合意内容の議事録を相互に確認します。

（4）確認

　交渉結果の自社内関係者への報告がまず必要です。合意した事項について購買実現策の具体化を進めるとともに、ペンディング事項への対応策を検討します。相手先の対応の進捗状況を適宜把握して、ペンディング事項の早期合意に向けた取り組みを加速することもフォローアップとして必要です。

表6-1　交渉の手順

手順	推進内容
準備	・交渉の狙いの明確化 ・関連情報の整理 ・価格目標の決定 ・課題解決策の準備 ・交渉合意できなかった場合の対応策準備 ・自社内での事前整合 ・交渉推進手順の決定
交渉	・交渉場所に応じた留意点確認 ・話の切り出し ・相手方真意（本音）の把握 ・課題解決策の具体化
集約・合意	・合意事項の具体化（３Ｗの明確化） ・ペンディング事項の具体化（３Ｗの明確化） ・次回会合日程の決定 ・議事録の確認
確認	・交渉結果の自社内報告 ・合意事項に対する実現策の具体化 ・ペンディング事項への対応策の検討 ・相手先対応状況の把握 ・次回会合への準備

6-2 価格交渉における留意事項

　具体的な価格交渉に入る前に、交渉相手先から入手した見積書の内容を確認し分析を徹底することが重要です。具体的には、下記の留意事項を参考に、交渉ポイントにつながる課題を抽出する必要があります。

（1）見積書の見方（内容確認の視点）
　見積書は、新規資材の購買検討時や既存資材の合理化改善時に使用されます。見積書の内容を読み取れる力を備えているかどうかは、より的確な価格交渉を行うことができるかどうかの境目であるといえます。見積書の価格そのものを信じ込み単に高い安いだけを論ずるのでなく、詳細な原価内容がどのようになっているのか、交渉の余地があるのかないのかを見極める必要があります。表面だけによる価格の見定めではなく、その中味に踏み込んで納得のいかない部分を明確化し、見積の根拠となる具体的条件の確認など、詳細まで価格追求を行う必要があります。

（2）見積を取った目的の再確認
　見積書の確認、分析を開始する前に、見積を取る目的は何か、なぜ内作ではなく外部からの購買なのか、さらに見積対象の資材が果たすべき機能は何かなどを明確にすることが必要です。目的の事例を以下に示します。
- 自社で扱ったことのない素材の購入か
- 自社にない設備や加工技術を必要とする部品の購入か
- 自社の能力オーバーを見越しての外注見積か

（3）価格構成要素ごとの原価把握と妥当性確認

　下記の切口の事例を参考に、妥当性を確認する必要があります。

- 価格構成要素ごとに詳細原価が提示されているか
- 詳細原価を自社および他社と比較して妥当性があるか
- 詳細原価の内容に交渉余地はあるか
- 交渉に使える詳細原価の事例や要求できる根拠はあるか

（4）加工工程に着眼した見積価格の把握

　加工費の詳細原価については、下記の切口を参考に、具体的な工程に着目して課題を把握することが必要です。

- 加工工程はどのようになっているか
- 加工工程ごとの品質保証体制はとられているか
- 現状の工程通過率（直行率）や不良率はどのようになっているか
- 工程の改善要素はないか
- 工程通過率や不良率の改善目標はあるか

（5）見積書では読み取れない事情の把握

　見積書にある数字や取引条件だけでは確認できない、交渉相手先の思惑や事業背景を別手段で把握する必要があります。

- 受注獲得のために無理をした価格となっていないか
- 経営トップの考え方や財務責任者の考え方は把握できているか
- 自社との取引状況に変化はないか
- 見積書を提出したときの相手の表情、態度に違和感がなかったか

　自信を持った価格交渉が最適な購買価格につながります。自信を持って交渉に臨むポイントは、いかに多くの原価情報と分析結果を持っているかです。同時に、交渉相手に関するさまざまな情報を把握していることも重要です。

6-3 価格交渉のコツ

1 交渉上手とは

　価格交渉にはコツがあります。交渉が苦手な人もコツを理解したうえで、事前に情報整理と準備を行い、交渉に臨み、結果を振り返ることを繰り返すことで、徐々に交渉上手になっていきます。逆にいえば、何の準備も意識もなしに、何度交渉場面を経験しても、交渉上手にはなれないということです。交渉上手になるための6つのポイント、すなわちコツを**表6-2**にまとめます。

　事前の準備として、交渉の目的を明確に把握したうえで、交渉戦略を具体的に描くことが大切です。同時に、事前に交渉の推移を想定し、譲歩してもよい点と、絶対に譲れない点とを明確にしておくことも必要です。後は、お互いに意味のある結論をめざして、誠実に、かつ粘り強く交渉を続けることです。

表6-2　交渉上手の6つのポイント

1. 交渉の使命・目的を明確にしている。
2. 目的達成のための交渉の戦略を持っている。
3. 譲歩できること、できないことを明確に把握している。
4. 話し方に説得力がある。
5. 相手のことも配慮し、考えている。
6. 諦めない、粘り強い性格である。

2　交渉を成功に導く3原則

KKD（勘・経験・度胸）では、交渉はうまくいきません。まずは交渉相手と同じ基本認識の下、ともに利益を得ることができる解決策を具体化するために、両者で検討を進める状況をつくることが大切です。このような状況を実現するためには、**表6-3**に示す3原則の徹底が重要になります。

表6-3　交渉を成功に導く3原則

1. 説明・提案は論理的（ロジカル）であること
2. 交渉前に十分な準備をすること（準備8割）
3. 創造的な選択肢を持ち、両者に利益をもたらす 　 合意をめざすこと

3　見積における水増し

交渉において、自社の立場をより有利なものとするためのひとつの方法が、見積に含まれる「水増し」要素を指摘することによって精神的な圧力をかけることです。たとえば、「価格交渉の前提条件である見積に不誠実な要素が含まれていることがわかり、重要なパートナーであるとの期待を裏切られ、大変ショックを受けている」と相手方に直接申し入れをするなどによって、圧力をかけるようにします。「水増し」の確認を要する項目例を以下に示しておきます。

- 二重計上：直接費と間接費、材料消費に含まれるロスと全体ロス、外注加工費と社内加工費、梱包費が直接費と販売費に
- 材料単価、材料消費量、正味加工時間、加工時間余裕
- 輸送費：輸送方法、輸送ロット、輸送料金

6-4 目標原価と許容原価

　価格交渉は、売り手と買い手がそれぞれの立場で価格の綱引きを行うことにほかなりません。交渉には買い手側から見た価格の捉え方だけではなく、売り手の側に立った価格の捉え方を知ることも必要です。

　買い手（調達側）は、自社が希望する目標価格を必ず確保し、少しでも安く買うことを頭において交渉します。逆に売り手（調達・購買先）は、契約したい目標価格をいかに上回るかを狙って交渉します。買い手側の目標価格と売り手側の目標価格が実は同額であっても交渉が必要になるのは、この目標の違いがあるためです。

　買い手側から見た目標値としては、まず目標原価があります。これは目標とする製品原価を達成するために必要な資材価格で、理論原価計算などを用いて査定した結果としての最低価格に相当します。もうひとつの目標値は、最高許容値（許容原価）です。目標とする製品原価を考慮したとき、これ以上高い価格では買うことができない限界値、逆にいうと、必ずこの価格以下で買わねばならない限界値に相当します。すなわち、買い手側としては上記の目標原価と許容原価を明確にして交渉に臨むことが重要になります。

　次に売り手側から見た目標値ですが、最多で4つの目標値を考慮する必要があります。まず基本は契約目標値です。これは売り手側の目標原価に営業利益を加えた価格で、目標利益の確保に向けて是非とも契約したいと考えている価格です。次は最低目標値で、これ以下の価格では利益が少なくて通常契約することができない最終の譲歩価格に相当します。3つ目は最高目標値で、利益の最大化を狙いとして設定される最高値の価格に相当します。価格交渉で売り手側から最初に提示される可能性の高い価格ともいえます。最後の4

つ目が特別価格です。これは目標原価や目標利益を度外視し、受注獲得を狙った特別政策価格すなわち最安値の価格だといえます（**図6-1**）。

　売り手側から見積として提示された価格が、これらの目標価格のどれに相当するのかを見極めたうえで価格交渉を開始することが重要です。

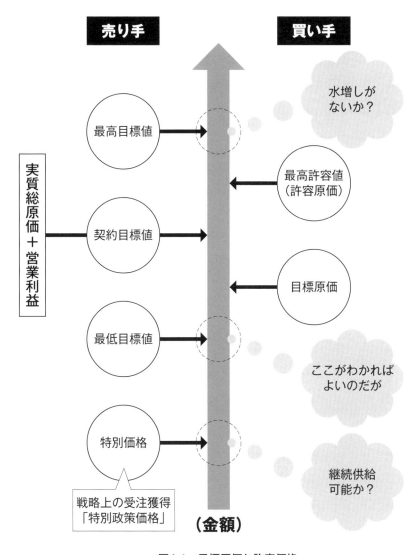

図6-1　目標原価と許容価格

6-5 購買関連法規

購買に関連する法規を広範囲に捉えれば、さまざまなものが関係することになりますが、この節では次の3つの切口で説明を進めます。

① 下請代金支払遅延等防止法（下請法）

② 契約不適合責任

③ 輸入関連法規

1 下請法の概略

下請法は、製造委託や修理委託などの外注取引を行う請負契約に適用され、発注側（親事業者）からの買いたたきや支払代金の減額などから中小企業を守るための法律です。したがって、一般市場で市販されているものを購入する場合などの売買契約には適用されません。親事業者が守るべき義務と禁止事項をまとめると、以下のようになります。

（1）4つの義務

① 書面の交付義務

② 下請代金の支払期日を定める義務

③ 書類の作成・保存の義務

④ 遅延利息の支払義務

（2）11の禁止事項

① 買いたたきの禁止

② 不当な給付内容の変更・やりなおしの禁止

③ 受領拒否の禁止

④ 返品の禁止

⑤ 下請代金の減額の禁止

⑥ 下請代金の支払遅延の禁止

⑦ 有償支給原材料等の対価の早期決裁の禁止

⑧ 物の購入強制・役務の利用強制の禁止

⑨ 経済上の利益の提供要請の禁止

⑩ 割引困難な手形の交付の禁止

⑪ 報復措置の禁止

2　下請法の留意点

　下請法で守るべきとされている大半の事項を、契約項目として注文書に明記することによって違反行為を防止することも重要です。以下の項目の事例を参考に、自社なりの注文書形式を決めておくことが必要です。

- **品名**
- **購買先名**
- **発注量**
- **単価**
- **納期**：指定した納期を一方的に変更することはできない
- **適用する品質規格または仕様書**：発注後の変更は基本的に認められない
- **受入検査方式**：いつまでに検査を完了するかも明記する必要がある
- **納入時の荷姿**：外注先に損害を与えるような変更をすることはできない
- **受渡方法と場所**：外注先に損害を与えるような変更をすることはできない

- **支払条件**：締日と支払日を明記する必要がある
- **有償支給明細**：品名、数量、対価、引渡日、決済日、決済方法の明記が必要

そのほか、下記事項についても留意する必要があります。

（1）発注後の単価改定（価格の引下げ）の禁止

注文書発行後に価格改定の必要な事態が発生しても、値差処理や価格修正は認められていません。たとえ相手方の了解があっても認められない事項であることを認識する必要があります。

（2）新規部材購入時の見積書への注意

仕様条件の調整・変更で価格引下げが決まった場合には、その引下げることができた理由を明確に記録するとともに、最終の見積書を取り交わす必要があります。

いずれにしても、異常な処理をしなければならないときは、責任者と十分に相談をして行動することが重要です。

3 下請法違反の処理

　下請法に違反した可能性がある場合の書面調査や立入検査、さらには違反があった場合の罰金や勧告・指導は、**図6-2**に示す手順で処理されます。

　勧告は公表をともなう処置のため、社会的信用をなくす事態にもつながる可能性があり、その影響の大きさは計り知れません。また、罰金は企業だけではなく、担当者個人にも課せられることを認識する必要があります。

　いずれにしても、調達・購買担当者としては、下請法をよく理解し、違反のない公明正大な取引を徹底することが大切です。

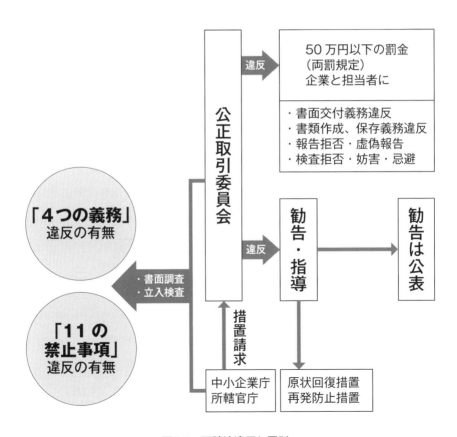

図6-2　下請法違反と罰則

4 契約不適合責任

　2020（令和2）年4月1日施行（2017（平成29）年6月2日公布）の民法改正により、売買契約等に関わる「瑕疵担保責任」という概念が「契約不適合責任」という概念に置き換わりました。

　これにともなって、商法の改正（2020（令和2）年4月1日施行）も行われ、関係する条文における「瑕疵」という用語が、「契約の内容に適合しないこと」（契約不適合）という表現に置き換わりました。同時に、買主が請求できる新たな権利（売主が負うべき新たな責任）として「履行の追完」（契約に適合する状態の実現）が、民法と同様に追加されました。

　商法における具体的な内容は、第二編「商行為」第二章「売買」第526条「買主による目的物の検査及び通知」に次のように示されています。

（1）商人間の売買において、買主は、その売買の目的物を受領したときは、遅滞なく、その物を検査しなければならない。（商法第526条1項）
（2）前項に規定する場合において、買主は、同項の規定による検査により売買の目的物が種類、品質又は数量に関して契約の内容に適合しないことを発見したときは、直ちに売主に対してその旨の通知を発しなければ、その不適合を理由とする履行の追完の請求、代金の減額の請求、損害賠償の請求及び契約の解除をすることができない。（商法526条2項の前段）
（3）売買の目的物が種類又は品質に関して契約の内容に適合しないことを直ちに発見することができない場合において、買主が6か月以内にその不適合を発見したときも、同様とする。（商法526条2項の後段）
（4）前項の規定は、売買の目的物が種類、品質又は数量に関して契約の内容に適合しないことにつき売主が悪意であった場合には、適用しない。（商法526条3項）

　なお、注意すべき事項として、契約不適合責任の請求期間には制限があり、商法では上述のように直ちに発見できない不適合であっても6か月以内、民法では不適合を知ったときから1年以内となっています。

　また、契約書において「契約不適合責任」自体を免責にしたり、「責任請求期間」を短くすることも可能ですので、契約書記載内容の十分な確認が必要だといえます。

5 輸入関連法規

　輸入関連の法規について、常に新しい情報を入手し、適切で迅速な対応をとることによって、コスト面で有利な調達・購買の実現をめざすことが必要です。輸入関連法規については、輸入全般に関する法規とともに、自部門の購買資材に関する法規も理解することが必要です。輸入全般に関する事項として、代表的な2項目について示します。

（1）外国為替及び外国貿易法

　外国為替や外国貿易などの対外取引が自由に行われることを基本として、対外取引に対し必要最小限の管理または調整を行う法律です。この法律は、対外取引の正常な発展と我が国または国際社会の平和および安全の維持を実現し、そのことを通じて国際収支の均衡と通貨の安定を図るとともに、我が国経済の健全な発展に寄与することを目的として制定されました。

（2）関税

　国内産業の保護を目的として、または財政上の必要性から、輸入貨物に対して課される税金で、間接消費税に分類されます。具体的には実行関税率表を把握しておくことが必要です。実行関税率表は、世界のどの国からの輸入品にどのくらいの関税がかけられるのかを求める表です。

第**7**章
原価低減活動

7-1 原価低減活動の重要性と進め方

　事業継続のためには、原価低減活動を含む合理化活動を行い、利益を確保する必要があります。具体的にはムダの排除、ロスの削減から始まり、工程の改善、調達の合理化など、さまざまな活動に取り組みます。このような活動の効果がうまく上がらない場合、最終的にはリストラという大手術をしてでも生き残りを図る必要がありますが、そうならないように日常的に合理化活動を活発化させる必要があります。

　企業として利益を増やすには、売上を増やすか、合理化をするかしか方法がありません。また、特に事業運営の障害となるようなことがなくても、何も手を打たなければ、企業利益は毎年数パーセントずつ目減りするといわれています。毎年の事業計画では、この利益減少分を考慮し、「積上利益」を目標に加えて取り組みます。**図7-1**に示す「基本利益」は、前期の延長で考えたときの今期の利益です。「積上利益」は、不足した利益をカバーするために課題解決を進め、新たに捻出する利益です。

　このように、原価低減活動は、事業継続の前提となる利益を生み出す重要な活動です。原価低減活動は、一部門だけで活動を進めることも可能ですが、全社的・継続的に進める方が活動の成果は大きくなります。活動の進め方について以下に具体的手順を示します。

（1）原価実態と課題の把握

　どこに課題があるかを分析し、優先度と難易度を把握します。

（2）原価低減体制の確立

　活動方針および目標を明示し、推進組織をつくり、5W1Hの明確な実行計画書をつくります。

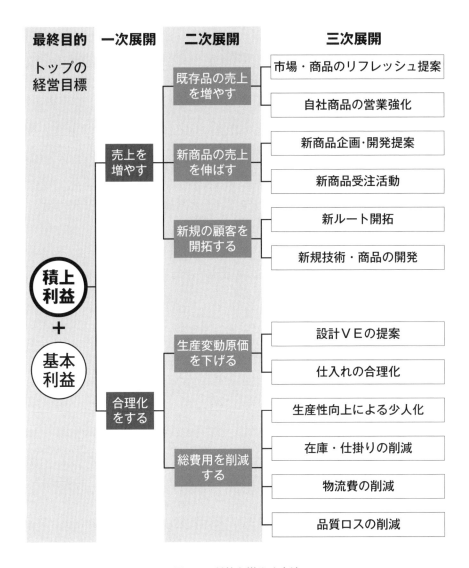

図7-1　利益を増やす方法

（3）活動のスタート

　活動実態を把握するための管理指標と実行計画書をトップが承認した後、トップの開始宣言を経て、活動をスタートします。

（4）課題解決手法の選定

　スピードを上げ課題解決を図るのに適した手法を決め、実行計画書を実行手順に詳細化します。

（5）実施・実行

　定期的（毎月、少なくとも3か月に1回）に進捗度チェックを行います。

（6）原価低減意識の高揚と教育

　全員参加の改善活動を狙いとし、さまざまな意識高揚策を実行し教育を徹底します。

（7）PDCAを回す

　活動の結果をフォローし、来期に活かします。

7-2 原価低減活動と必要スキル

　原価低減活動において、調達・購買担当者の主な役割は、調達する資材の購入単価を購買先と交渉して引下げることです。そのためには、現状の原価を正しく把握しなければなりません。見積書段階の内容分析はもちろんですが、実際に現場に行って、材料費や加工費を自分の目で確認することも重要です。

　特に加工部品単価の引下げを毎年実現するには、購買先の製造を熟知し、購買先とともに知恵を出し合って原価低減していくことが不可欠です。そのため、購買先と自社の開発部門とをつなぎ、よりよいアイデアを出す触媒役も調達・購買担当者に求められる大切な役割です。

1 原価把握と見える化

　購入単価は、材料費、加工費、経費などの原価要素ごとに分解して把握することが必要です。購買先から詳細情報を得ているのであれば問題ないのですが、情報がなければ自分で調査し、把握する必要があります。もちろん販管費（販売費＋一般管理費）や購入単価から各原価を差し引いた利益も見える化の対象となります。

　一行見積では原価低減は進みません。日頃から見積を取るときには、原価要素ごとの詳細がわかるようにお願いする必要があります。原価は分解すればするほど、詳細に分析すればするほど、原価低減のアイデアが多く出てきます。購買先も簡単には詳細見積を出してくれないことが多いのですが、詳細見積の重要性を十分認識して、諦めずにお願いをし続けることが大切です。

　原価がある程度把握できたら、現物サンプルとセットにして「見える化」を図ります。そして、それらを見ながら疑問点を挙げてさらに詳細を確認します。同時に、原価低減のアイデアを出して、その実現性を確認することが重要です。

2 原価低減アイデアの抽出

　原価低減にはアイデアが必要です。調達・購買担当者だけでは不十分だと考えたならば、衆知を集めることが必要になります。製造、開発、金型の担当者だけではなく、購買先も含めてアイデアを出し合うことが重要です。アイデアがたくさん出れば、その中に必ずよいアイデアが含まれていると信じて行う必要があります。その道のプロといわれるような人の意見は是非取り入れて、アイデア抽出につなげることも必要です。出てきたアイデアは分担して、次回のミーティングまでに実現可能かどうかを検討します。

　図7-2に示すように、材料費は、原材料、市販部品、加工部品の3つに区分されます。そして、それらの中に含まれる購買先側の材料費、加工費、販管費、利益について、原価要素ごとに具体的に検討し、原価低減のアイデアを出し合います。買い手側の図面に基づいて製作される加工部品については、材料費と加工費の要素に着目した検討が重要になります。また、原材料は市況による価格変動要因を考慮して検討することが、さらに市販部品は、購買量と競合状態の2つの要因を考慮した検討がそれぞれ必要とされます。

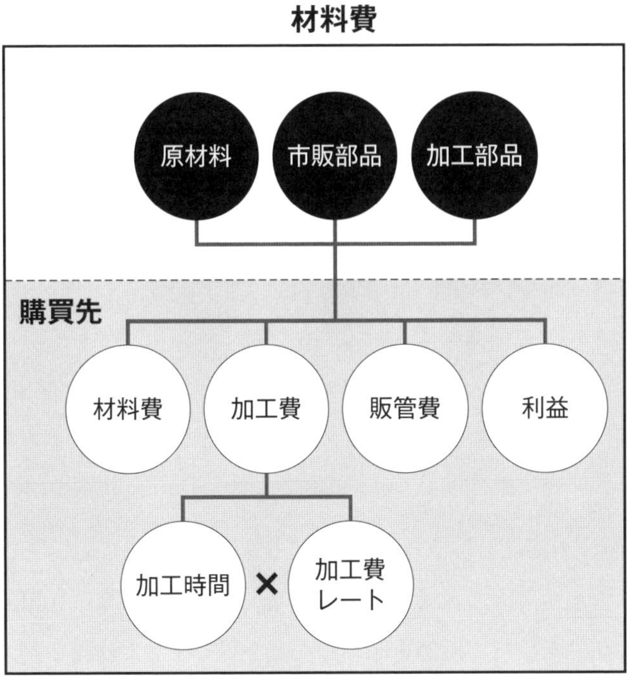

材料費

図7-2　材料費の構成要素

7-3 原価低減への具体的手法

1 VEによる原価低減

　バリューエンジニアリング（VE：Value Engineering）は原価低減を実現するための有効な手法で、購買価格を合理的かつ効率的に引下げることができます。調達・購買担当者もこの手法を身につけて十分活用することが望まれます。

　VEは、製品や部品に要求される機能【F】（Function）と、その機能実現に際して必要となるコスト【C】（Cost）との比を価値【V】（Value）として、さまざまに知恵を絞って価値を高めることを狙いとした組織活動であると定義できます。すなわち、価値向上がVEの狙いであって、原価低減の視点から捉えると、必要機能を最小のコストで実現することだといえます。価値向上の実現には**表7-1**に示す4つのパターンが考えられます。

　VEの手法手順を示すものとして、以下のようなVE質問があります。

- **それは何か？**：改善対象物を明確に設定します。
- **そのコストはいくらか？**：改善対象物の現在のコストを把握します。
- **それは何をするものか？**：改善対象物の機能を定義・評価します。
- **同じ働きをするものがほかにはないか？**：代替案を検討します。
- **その代替案のコストはいくらか？**：代替案のコストを見積ります。
- **必要な機能を確実に果たすか？**：試作や評価の結果を確認します。

　確認結果として問題がなければ、VEの提案・実施のステージに進めます。VE手法としては機能中心で考えていきますが、当然のことながら、品質要

件を満たしていることが前提となります。

表7-1　価値向上4つのパターン

$V\nearrow = \dfrac{F\rightarrow}{C\searrow}$	同じ機能のものを 安いコストでつくる
$V\nearrow = \dfrac{F\nearrow}{C\searrow}$	より優れた機能を果たすものを より安いコストでつくる
$V\nearrow = \dfrac{F\nearrow}{C\rightarrow}$	同じコストでより優れた 機能を持ったものをつくる
$V\nearrow = \dfrac{F\nearrow}{C\nearrow}$	少々コストは上がるが、それ以上に 優れた機能を持ったものをつくる

V：Value（価値）　F：Function（機能）　C：Cost（費用）

2　部材の共通化・標準化による原価低減

　部品や材料を単体で捉えるのではなく、全体を横断的に見直すと、共通化・標準化できる場合が多くあります。既存の部材を対象として、分析的なやり方で現状を整理・改善し共通化を進めることも重要ですが、事前に「目標やあるべき姿」を定めて、計画的に進めるデザイン・アプローチの方がより大きな効果を生むやり方だといえます。

　具体的には、共通化・標準化を進めようとする対象に要求される特性の類似性に着目し、必要な要素を共通化することで集中的に処理して、対象の原価低減を図るというやり方です。この手法は部品・材料だけではなく、加工方法や工程・設備に対しても適用できる考え方だといえます。

　いずれにしても、共通化・標準化は、特性が類似しているのにそれぞれに購買量の少ないたくさんの種類の部材を使用した、競争力の低い製品を生み出すことを回避するとともに、原価低減を実現する、調達・購買担当者にと

って非常に有効な手法であり、積極的に取り組むことが必要だといえます。

3 IEによる原価低減

製造工程で使われているインダストリアルエンジニアリング（IE：Industrial Engineering）手法は、仕事のロス（ムダ・ムリ・ムラ）を追放して、仕事の生産性を上げることを目的としています。

調達・購買担当者は、この手法を身につけて、購買先の生産性を上げ、購買品の原価低減に活用することが重要です。IE手法は、製造工程で作業時間を短縮するために、作業改善を行う手法と考えられていますが、具体的には以下のような5つの手法があります（**図7-3**）。

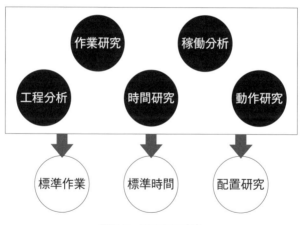

図7-3　IE5つの手法

（1）作業研究

作業を分析して、最も適切な作業方法である標準作業の決定と、標準作業を行うときの所要時間から、標準時間を求めるための一連の手法です。

（2）稼働分析

作業者または機械設備の稼働率や稼働内容の時間構成比率を求めて、「手

174

待ち」「段取り」といったムダを分析する手法です。

（3）工程分析

　部材が製品になる過程、作業者の作業活動、運搬過程を系統的に、最適な図記号で表して、「運搬」「停滞」といったムダの時間や量を分析する手法です。

（4）時間研究

　作業を要素作業または単位作業に分割して、その分割した作業を遂行するのに要する時間を測定することで、繰り返し作業の中にあるムダ・ムリ・ムラを時間で分析する手法です。

（5）動作研究

　作業者が行うすべての動作を調査し、「手を動かす」「モノをつかむ」といった人の作業動作の中にあるムダ・ムリ・ムラを分析することで、最適な作業方法を求めるための手法です。

　IEは100年近い歴史のある手法で、多くの成果を上げており、それだけに奥深い手法です。しかし、従来のストップウォッチを使った測定・分析方法は、多くの工数がかかり、とても大変な手法だったといえます。現在はビデオカメラを使って、簡易的にムダ・ムリ・ムラを見つけ出し、改善につなげているところが増えています。このような場合でも、IE的な目、ロスを見つける目を持っていることが不可欠です。

　また、IE的な目が育ってくると、購買先の稼働率や生産性が、現場に足を踏み入れた瞬間にわかるようになります。もちろん正確なものではありませんが、購買先のレベルを判断するのに十分な情報になります。こういう側面からも、IE手法を身につけることが必要、かつ重要だということができます。

第8章

原価企画と開発購買

8-1 原価企画活動の重要性

　図8-1に示すように、原価企画活動は戦略的原価管理と呼ばれ、価格競争が激化する状況の中でますます注目されてきています。より上流段階から取り組み、大きな原価低減を得る必要性が高まってきているからです。

　新商品開発ステップ（**巻末資料31**）の上流ほど、原価低減の可能性が高くなります。新商品の原価低減の可能性が100あると仮定すると、企画・構想段階で60％、設計段階で20％、生産準備段階で15％、生産開始後では5％の可能性があるといわれています。その大きな理由は、原価に大きく影響する機能・性能・仕様・デザインや構造・材質・品質などが、企画・設計段階で決定されてしまうからです。

　図8-2に示すように、原価企画活動は、従来の原価低減活動とはアプローチ方法が大きく異なります。開発ステップの下流で修正や改善を行うと、工数と費用の大きなムダが発生するため、原価企画活動では、まだ仕様確定していない新企画商品を対象に見積を実施し、原価低減を図りつつ仕様などを決めていきます。これには新しい知識や手法など、より難しいスキルが必要になりますが、この段階で注力すれば、最初から狙いの目標原価に到達でき、後で修正するようなムダな工数と費用の発生を避けることができます。

　新商品開発は、中・長期の事業利益計画を具体化する手段として位置づけられます。増益を狙った新商品は、商品の企画時点で市場性などが詳しく検討され、その販売価格が市場要求への対応や戦略的見地から設定されます。さらに、その新商品に対して、事業利益計画から決まる目標利益が設定され、販売価格から目標利益を差し引いた金額として目標原価が設定されます。この目標原価の実現をめざす活動が原価企画活動です。

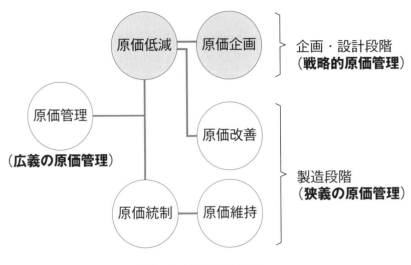

図8-1　原価管理の対象

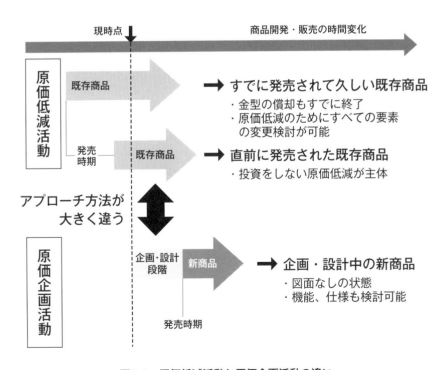

図8-2　原価低減活動と原価企画活動の違い

8-2 原価企画活動における 調達・購買の役割と開発購買

　新商品の企画会議に、企画の最初から調達・購買担当者が参画する会社は多くありません。しかし自ら積極的に参画して、以下に示す4つの役割を的確に果たし、成果を出すことが必要です。

- 外部で開発された新素材や新部品・新工法などの情報を、企画・設計・研究部門に紹介し、活用につなげること
- 企画・設計・研究部門が要求する具体的仕様に基づき、新素材・新部品・新工法を探すこと
- 新商品の目標原価の達成に向けて、効果が期待できそうな具体的提案をできるだけ多く出すこと
- 購買先と共同で目標原価に対応した原価低減活動を進めること

　調達・購買担当者は、社外の有効な情報を把握するとともに、社内の開発の動きを把握することで、その橋渡し役を果たせる可能性が高い位置づけにあります。この重要な位置づけを活かし、原価企画活動に積極的に関わるための具体的な役割は次のとおりです。

- 新商品用資材（素材および部材）の供給源の開拓と調達
- 各資材に対する購買基本計画の作成
- 内外作計画の検討
- 購買仕様書の作成
- 各資材の購買方式の決定と購買計画の作成
- 新商品用資材の原価設定
- 企画・設計段階でのVE活動への参画

- 共通化・標準化の推進、および代替品の提案
- 初期流動管理への参画と自部門の課題への対応
- 新商品量産化日程計画立案への参画
- 新商品の進捗会議への参画と自部門の課題の進捗確認

　このように、原価企画活動において調達・購買担当者が果たすべき役割は多くあります。この中に、開発購買と呼ばれる購買活動があります。開発購買を定義すると、商品開発ステップの上流において、「市場で売れる価格」から逆算した目標原価を実現するために、調達・設計・購買先の三者が連携して、要求品質と納期を考慮し、部材の外部調達を進める活動といえます。開発購買において調達・購買担当者は、設計と購買先との情報連携役および調整役を果たすと同時に、活動全体を推進するリード役を果たします。

　新商品開発ステップにおける開発購買の位置づけを**図8-3**に示します。

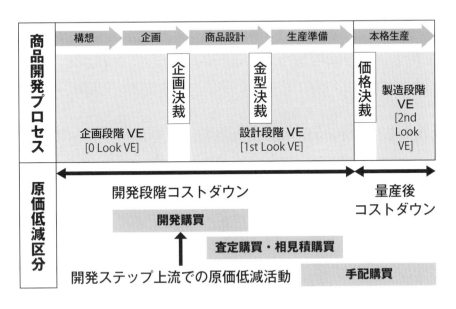

図8-3　開発購買の位置づけ

8-3 目標原価実現への開発購買の推進

1 開発購買の推進

　現状では、新商品を構成する部材の詳細仕様が決定した後から、購買先および購買条件の具体的な検討に入ることが多くあります。最悪の場合、購買先の決定後に、購買条件のみの調整を依頼されることになり、これでは目標原価実現への自由度が低く、目標も未達で終わってしまう可能性が高くなります。そこで必要になるのが、次のような開発購買の取り組みです。

　構成部材の具体的仕様ではなく、要求機能が明確になった段階で情報を入手し、購買先の知恵と支援も引き出し、目標原価実現への取り組みを進めます。開発の上流で購買先を巻き込むことにより、購買先側の準備も早まり、開発リードタイムの短縮を図ることもできます。また、設計と調達・購買が機能分担を徹底し、購買先との折衝は調達が行い、設計が開発業務に専念できる状態をつくり出すこともできます。

　具体的には、まず対象部材の目標原価をその設定根拠も含め明確にし、同時にその部材の必要機能と制約条件も明確にします。次に、購買先に関する必要条件を整理し、見積依頼先を決定します。見積依頼をする際に必要とされる機能などを十分に説明し、単なる見積だけではなく、的確な手段提案を引き出す努力をします。その後、見積先からの代替提案を自社内で検討し、採択可否を決定し、新しい条件での再見積を依頼します。このようなやりとりを繰り返して、必要機能と目標原価の両立をめざします。

　さらに、開発購買を進めるにあたり、まず購買先や設計部門との間に信頼関係を構築することが必要で、これなしには何事も進まない事態となります。

このことを常に認識して行動することが重要です。

2 ティアダウン手法

　開発購買でよく使われるティアダウン手法は、競争相手の製品を徹底して調べる手法のことです。競争力のある新製品を開発して、市場で売れるものにするには、競争相手の製品を徹底して調べることが有効です。

　目のつけどころは、他社に勝つにはどのような商品仕様にするか、負けている機能や原価をどう改善するか、他社に勝てる原価をどのように構築するかなどです。これらの意識を持ちながら他社の製品を分解・分析します。

　他社から学ぶポイントは次のような点です。設計部門は、設計のシンプルさや特長的な設計手法に着目する必要があります。調達・購買部門は、他社が取引している購買先や部品・材料を探ります。生産部門は、組み立てやすさやそのためのアイデアを学びます。また、原価比較については、自社で生産したとして自社基準で見積（直接費だけで見積）を行い、自社の同等製品との詳細対比を行い、弱点を特定します。そして、分析結果としての他社のよいアイデアに自社のさらなるアイデアを加え、自社の新製品に活かす手段を具体化していきます。このように、他社および自社の「いいとこ取り」をするのがティアダウン手法です。もちろん特許などの知的財産権の確認は不可欠です。

　また、ティアダウン手法の効用として、原価低減効果が期待できる手段であっても、周辺条件への懸念から採用できない状況にあるとき、他社品を分析するとすでに同等手段を採用していることがわかり、自社品での切り替えを決定することができるという場合も考えられます。

第9章

情報の活用

9-1 情報分析の必要性

　企業として活動を開始した以上は、社会の公器であるとの認識に基づいて、事業継続を前提としたさまざまな活動を徹底していく必要があります。事業継続とは何かと考えると、事業収支として問題のない状態にあることと同時に、企業を取り巻く社会環境においても問題ない状態にあることの2つが重要な要素だといえます。

　また、事業継続していくための必須条件はやはり利益であり、継続的な「事業利益」を生み出し続けることが求められます。さらに、利益は「目標原価の達成」を確実に積み重ねることによって生まれます。事業継続における利益の重要性について、次の**図9-1**にまとめます。

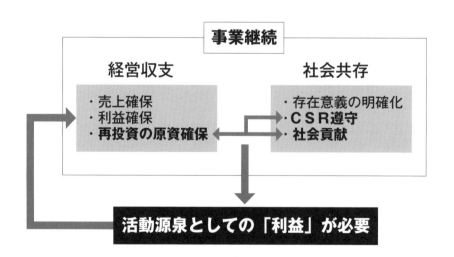

図9-1　事業継続における利益の重要性

　調達・購買部門が果たすべき究極の役割である「目標原価の達成」を、具体的に進めるためには次の2つの方法が考えられます。ひとつは、目標とする原価に見合った必要部材の購買先を探し当てて調達する方法です。もうひとつは、調達・購買に関わるさまざまな条件について、購買先と検討・調整を行うことで原価を低減し、目標とする原価を実現する方法です。特に、既存の購買部材について購買価格を引下げて「目標原価の達成」を進める場合には、第二の方法が多く用いられます。

　第一の方法では、購買先候補についての情報を事前にできるだけ多く把握していることが必要になります。同時に、新たな加工技術、素材や部材に関する情報を常に入手することも必要になります。これらの調達環境に関する情報の把握と分析ができていなければ、目的に合う購買先候補を即座に選び出し、調達可能性の検討を行うこと自体ができません。

　また、第二の方法においては、調達環境に関する情報に加えて、どんな部材をどこからどんな条件の下、いくらで仕入れているのかを、現状および過去について整理した購買実態に関する情報を把握していることが必要となります。これら購買実態に関する情報を把握し分析しておくことで、原価低減をめざして調達・購買条件の見直しを進める際に、検討の切口として活用することができます。同時にまた、コストテーブルの維持更新を的確に行うための有効情報としても活用が可能です。

　すなわち、「目標原価の達成」には購買実態や調達環境に関するさまざまな情報を把握し分析したうえで、それらを活用することが必要だといえます。具体的にどのような情報の把握が必要になるのか、それらの情報をいかなる手段で収集すればよいのかについては、9-2節で示します。

　また、情報の活用については比較的活用場面の多い原価低減に関する事例を9-3節で示します。具体的には、新規の購買部材ではなく、すでに購買している部材の購買価格を引下げて「目標原価の達成」を進める合理化活動における事例を取り上げて説明します。

9-2 必要情報の事例

1 購買実態に関する情報

購買実態として把握する必要がある情報要素としては、次の5項目が考えられます。第一は購買対象がどのようなものなのかという意味での「何を」です。第二は購買先に関する情報としての「どこから」です。第三は調達・購買条件がどうなっているのかという意味での「どのような条件で」です。第四は購買価格に関する情報としての「いくらで」です。第五は購買数量がどうなのかという意味での「どれだけ」です。

これらのうち、第一の情報は基本情報に当るもので、現時点での情報として把握する必要があります。残りの4つの情報要素は、現状だけではなく過去までさかのぼり、トレンドとして把握する必要があります。5つの情報要素について把握内容の事例を**表9-1**にまとめます。

表9-1　購買実態情報の事例

情報要素		把握する内容
基本	何を	・購買品仕様とその妥当性 ・機能と仕様の整合性（ムダ・不要の有無）
トレンド	どこから	・現状購買先とその決定論拠 ・購買先変更の有無、経緯
	どのような条件で	・現状条件とその論拠、条件変更の有無と経緯 ・同種購買品との条件差異
	いくらで	・現状価格と現状購買先での価格変更の有無 ・同業種購買先との価格格差の有無 ・過去からの価格変更の有無、経緯
	どれだけ	・現状購買数量と周期変動の有無 ・累積購買数量と数量増減の有無

2 調達環境に関する情報

　調達環境に関する情報には、購買先に関する情報、技術動向に関する情報、原材料価格や外国為替の市況動向に関する情報、景気動向に関する情報、業界動向に関する情報などがあり、これらを把握し分析することが必要となります。それぞれの情報について、内容と入手手段の事例をまとめて説明します。

① **購買先に関する情報**：目的に合った購買先候補の選択に活用

- 購買品目ごとの自社購買先を過去分も含め整理し、リスト化
- 新規購買先の情報は、銀行や専門機関のビジネスマッチング情報や信用調査機関の情報を活用

② **技術動向に関する情報**：今後重要となる技術動向や最新技術の情報

- 経済産業省が公開する技術戦略マップ・技術ロードマップの活用
- 経済新聞社などが提供するウェブ・マガジン情報の活用
- 国内外の展示会情報の活用

③ **市況動向に関する情報**：購買価格など購買条件の見直しに活用

- 経済新聞の情報、海外市場における原材料取引価格の公開情報、情報会社が提供する有料情報などの活用
- 銀行などの金融機関が提供する情報の活用

④ **景気動向に関する情報**：購買先全般の経営状況の推定に活用

- 内閣府が公表する景気動向指数などの景気統計情報の活用
- 日本銀行が公表する「全国企業短期経済観測調査」の活用

⑤ **業界動向に関する情報**：購買先の業界状況を購買条件の見直しに活用

- 業界動向専門の無料インターネット情報の活用
- 経済新聞や業界専門誌における掲載情報の活用
- 同業種の複数購買先から個別に入手した情報を整理し、活用

　いずれにしても、購買先そのものの情報、および、購買先が置かれている環境に関するさまざまな情報を意識して取り込むことが重要だといえます。

9-3 情報を活用した合理化の事例

1 購買実態情報の活用事例

　まずは、大きな合理化の成果が期待できそうな購買対象を、購買実態情報から絞り込みます。具体的には、現状の購買数量からみて多く購買しているものや、購買数量に購買価格を掛け合わせて得られる現状購買金額が多いものを合理化検討の対象として選び出します。また、自社商品についての原価構成情報が把握できている場合には、原価構成比率が高く、利益影響の大きいものを合理化の検討対象として選び出します。

　対象が決まれば、購買実態の各情報要素に基づいて、実現可能な合理化の方策を具体化します。その後は、合理化の実現に向けて方策の実行を徹底することになります。3つの情報要素、「どこから」「どのような条件で」「いくらで」に対する合理化の切口と具体例を**表9-2**に示します。

表9-2　調達実態情報の活用事例

情報要素	合理化切口	具体例
どこから	購買先変更	・過去の購買先活用 ・他部材購買先への切り替え ・新規購買先の開拓
どのような条件で	購買条件見直し	・取り決め条件と実態との差への着目 ・他購買先との取り決め条件の適用 （ロットサイズ、物流経路、納入頻度等）
いくらで	購買価格見直し	・過去の価格下げ時の状況との同一性検討 ・価格下げ実績がない場合、その妥当性についての再検討による交渉

2 調達環境情報の活用事例

調達環境情報のうち、原材料価格や外国為替の市況動向に関する情報、景気動向や業界動向に関する情報を活用した事例について説明します。

（1）原材料市況・為替動向に関する情報の活用

原材料価格の下落や円高にともなって、これらの影響を受ける可能性のある購買対象について、購買価格の引下げ交渉を速やかに開始します。

※原材料価格や為替の影響を事前に分析・把握しておくことが必要です。

（2）景気動向・業界動向に関する情報の活用

購買先が好景気で業績のよいことを確認したうえで、生産増へのさまざまな対応策を活かした価格引下げ案提示のお願いを粘り強く行います。

※常日頃からの関係構築や積極的なコミュニケーションが必須条件

3 その他の情報の活用事例

その他の情報として、購買対象が共通部品として使用されている実態や購買先のものづくり実態に関する情報があります。これらを積極的に把握・分析することで得ることができる合理化着眼点と、その概要を**表9-3**にまとめます。

表9-3　その他の情報の活用事例

合理化着眼点	概要
共通部品分析	発注時には標準部材ではないため、他事業場での使用実績がなかったとしても、その後、他事業場でも採用されて購買総数が増えている可能性あり
習熟度向上	納入実績（生産実績）が増えるに従い習熟度が上がるため、生産性を分析することによって、購買価格引下げ実現の可能性あり
現場確認	購買先工程の実態確認によりムダ要素の発見や歩留悪化の原因特定をすることで、工程合理化の切口提案や購買価格引下げ交渉の糸口発見が可能

付録

巻末資料

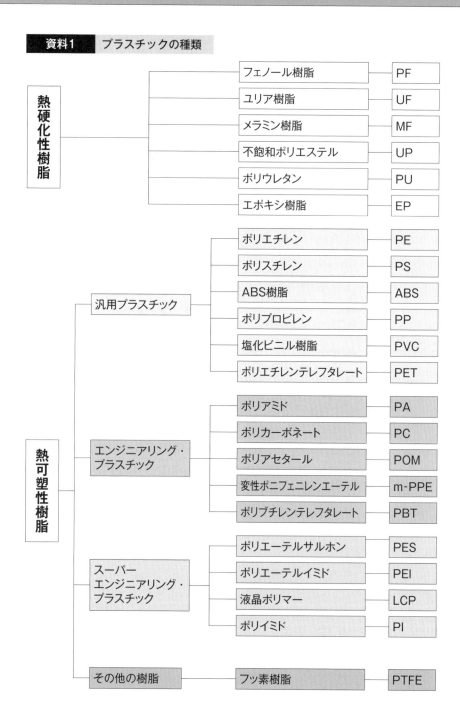

資料1 プラスチックの種類

熱硬化性樹脂
- フェノール樹脂 — PF
- ユリア樹脂 — UF
- メラミン樹脂 — MF
- 不飽和ポリエステル — UP
- ポリウレタン — PU
- エポキシ樹脂 — EP

熱可塑性樹脂
- 汎用プラスチック
  - ポリエチレン — PE
  - ポリスチレン — PS
  - ABS樹脂 — ABS
  - ポリプロピレン — PP
  - 塩化ビニル樹脂 — PVC
  - ポリエチレンテレフタレート — PET
- エンジニアリング・プラスチック
  - ポリアミド — PA
  - ポリカーボネート — PC
  - ポリアセタール — POM
  - 変性ポリフェニレンエーテル — m-PPE
  - ポリブチレンテレフタレート — PBT
- スーパーエンジニアリング・プラスチック
  - ポリエーテルサルホン — PES
  - ポリエーテルイミド — PEI
  - 液晶ポリマー — LCP
  - ポリイミド — PI
- その他の樹脂
  - フッ素樹脂 — PTFE

資料2　主なプラスチック材料の性質と用途

材料名	性質（長所・短所）	用途
フェノール樹脂	絶縁性・力学的性質・耐熱性が良い。	車両部品、接着剤
ユリア樹脂	無色透明で着色性に富むが衝撃に弱い。	配線器具、接着剤
メラミン樹脂	無色透明で着色性に富むが衝撃に弱い。	食器、塗料、接着
不飽和ポリエステル	含浸性に優れる、アルカリには弱い。	FRP用
ポリウレタン	軟質から硬質まであり、加水分解しやすい。	塗料、接着剤
エポキシ樹脂	電気的性質・寸法安定度に優れる。	塗料、封止材
ポリエチレン	無害、耐薬品性が良い、紫外線で劣化。	フィルム、容器
ポリスチレン	無味無臭、収縮率が小さい、衝撃に弱い。	包装、畳、断熱材
ABS樹脂	酸・アルカリ・油に強い、絶縁性が良い。	電気器具、雑貨
ポリプロピレン	軽量、耐候性が良い、成形収縮率大きい。	日用品雑貨
塩化ビニル樹脂	酸・アルカリに強い、耐熱温度約75℃。	パイプ、建設資材
PET	溶剤・油に強い、熱水・アルカリに弱い。	PETボトル、繊維
ポリアミド	ナイロン、磨耗に強い、吸水性が大きい。	フィルム、釣糸
ポリカーボネート	透明で光を透過する、割れにくい。	ヘッドランプレンズ
ポリアセタール	磨耗性・潤滑性が良い、紫外線に弱い。	歯車、軸受
m-PPE	成形収縮率が小さく寸法精度が良い。	精密部品
PBT	熱・溶剤・ガソリンに強い。	リレー、コネクタ
PES	流動性・剛性が高い、各種滅菌法に強い。	医療食品分野
PEI	力学的性質・熱安定性に優れる。	電子部品、OA機器
液晶ポリマー	力学的異方性が大きい、耐候性に優れる。	電子部品、軸受
ポリイミド	最高の耐熱性、熱膨張率が小さい。	軸受、ベアリング
フッ素樹脂	連続使用温度260℃、耐薬品性に優れる。	パッキン、軸受

主なプラスチック成形方法

成形法	概要	図番
射出成形法	シリンダー内で加熱・溶解された成形材料をスクリューまたは射出プランジャーで、固く閉じた金型のキャビティの中に加圧注入充填し、冷却後硬化した成形品として取り出す成形方法。熱可塑性・熱硬化性両方の樹脂に使える。	図1
押出成形法	熱可塑性材料を押出機中で加熱加圧溶解し、金型から連続的に押し出して成形する方法。パイプ、棒、異形押出品、皮膜電線、シート、フィルム、繊維などがつくられる。	図2
吹込成形法	ブロー成形法とも呼ばれ、成形機のシリンダーで加熱溶解した樹脂を筒状に押し出し、それを金型ではさみ、内部に圧縮空気を吹き込んで型に密着させ、同時に冷却して中空体を成形する方法。熱可塑性樹脂を使う。	図3
真空成形法	プラスチックシートを加熱軟化させ、型（金型、木型、熱硬化性樹脂型）にかぶせて周囲を固定した後、内部を真空にして一方に密着させて成形する方法。型は雌型あるいは雄型のいずれか一方のみ使用する。	図4
圧縮成形法	成形材料を金型のキャビティに入れた後、プレスにより加熱加圧し、冷却固形化後に取り出す。通常、熱硬化性の成形に利用されるが、特殊な熱可塑性プラスチックの成形（たとえばレコード）にも使用される。	図5
積層成形法	紙、フェルト、マット、布、ガラス繊維などの基材に液状の熱硬化性樹脂（フェノール・ユリア・メラミン樹脂など）を含浸させて、シート状に加圧する成形方法。プリント基板の加工方法として広く使われている。	図6

資料3　プラスチック成形方法の図解

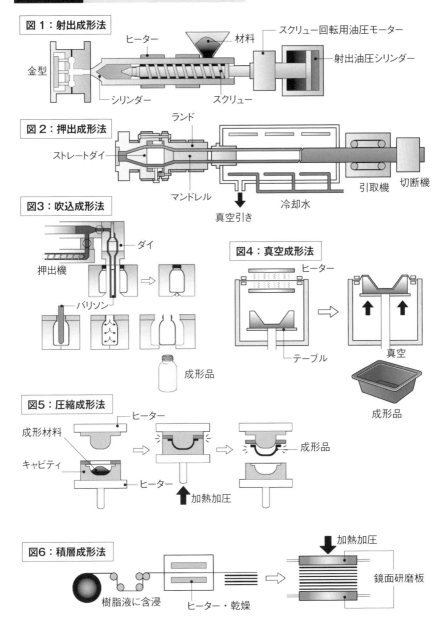

図1：射出成形法

ヒーター　材料　スクリュー回転用油圧モーター

金型　射出油圧シリンダー

シリンダー　スクリュー

図2：押出成形法

ランド

ストレートダイ

マンドレル　真空引き　冷却水　引取機　切断機

図3：吹込成形法

ダイ

押出機

バリソン

成形品

図4：真空成形法

ヒーター

テーブル　真空

成形品

図5：圧縮成形法

ヒーター

成形材料

キャビティ　ヒーター　成形品

加熱加圧

図6：積層成形法

加熱加圧

樹脂液に含浸　ヒーター・乾燥　鏡面研磨板

主な鉄材料の性質と用途

材料名	性質（長所・短所）と用途
鋼板 熱延鋼板 SPH	亜鉛鉄板・ブリキ・パイプ等の原板とドラム缶等の容器や建設用に多く使用。
冷延鋼板 SPC	一般用・絞り用があり、通常美しい表面。自動車・電気製品・家具等用途は広い。
メッキ鋼板 SGH・SEC 等	耐食性が向上、溶融法・電気法で亜鉛やアルミ等をメッキする。自動車・家電・外装建材等に使用。
電磁鋼板	純鉄系とケイ素系があり、良好な磁気特性を有す。トランス、モーター、チョーク等の鉄芯に使用。
ステンレス鋼板 SUS	耐食性が良く錆びにくいが、加工性は良くない。水周り、建築、医療、反射板等に使用。
構造用鋼 構造用圧延鋼	一般構造用として建築・橋梁・船舶・車両等に使用。
高張力鋼 HT	合金元素等を添加し引張強度を高め、高層建築・圧力容器に使用する。溶接性が良い。ハイテンと呼ぶ。
機械構造用炭素鋼	主に機械装置の構造用や部品に使用される炭素鋼。
表面硬化用鋼	表面の耐磨耗性と疲労強度を強化。歯車等に使用。
快削鋼	切削性に優れ、自動車ミッションギア等に使用。
工具鋼 炭素工具鋼	切削・研削加工に使用する安価な工具材料。
合金工具鋼	硬度の高い材料の加工用。ドリル・バイト等に使用。
高速度工具鋼	高速切削の切れ味低下を防ぎ、寿命を延ばす。
その他材料 耐候性鋼	添加した合金元素の効果で腐食の進行を抑える。橋梁・船舶・自動車の下回りに使用。
耐熱材料	高温・高圧環境で使用するガスタービン等に使用。
バネ材料	振動・衝撃を緩和する材料。バネ・コイルに使用。
鋳鋼	鋳型に流し込み、機械部品・車両部品を製造。
高マンガン鋼	衝撃・耐磨耗性は高いが加工性が悪い。キャタピラ・レールの分岐、パワーショベルの爪などに使用。

資料5　主な非鉄金属材料の性質と用途

材料名		性質（長所・短所）と用途
銅	純銅	熱・電気の伝導性や展延性が良い。風呂釜・建築・電気用等に使用。
	銅－亜鉛系	黄銅と呼ぶ。冷間加工性・絞り性・メッキ性が良い。薬きょう・電気部品等に使用。
	銅－スズ系	青銅・りん青銅と呼ぶ。耐疲労性・耐摩耗性・バネ特性に優れる。バネ・電気部品に使用。
	銅－ニッケル系	白銅と呼ぶ。塑性加工性に優れる。管材・貨幣・バネ材等に使用。
	銅合金鋳物	砲金と呼ぶ。電気伝導度・熱伝導度・耐食性が良い。軸受・電動機部品等に使用。
アルミニウム	純アルミニウム	構造用金属の中で最も軽い。低温脆弱性がない。電気器具・工業用タンクに使用。
	Al – Mn 系	深絞り性が良く溶接が容易。飲料缶・厨房機器に使用。
	Al – Mg 系	切削性・プレス成形性が良い。飲食缶、車両等に使用。
	Al – Cu 系 （ – Mg）系	ジュラルミンと呼ぶ。損傷許容性に優れる。耐食性は劣る。航空機材料・リベット等に使用。
	Al – Si 系	熱膨張率が低い。耐磨耗性・鍛造性に優れる。溶接線・ビル外装パネル等に使用。
	鍛造用 Al 合金	ダイキャストでエンジン部品・スポーツ用品を製造。
Mg – Al – Zn 系		軽く展延性が良い。電極板・構造用等に使用。
鍛造用 Mg 合金		強度がやや高い。切削性に優れる。家電部品等に使用。
チタニウム		軽く強く錆びない。プラント・生体材料等に使用。
Ti – Al – V 系		強度が強く溶接性・耐食性が良い。宇宙・航空部品に使用。
Ni – Cu 系		耐海水性・耐熱水性が良い。ポンプ・冷却管に使用。
Co – Cr – Mo 系		600℃以下では強度維持。耐熱部品等に使用。
鉛スズ		ろう付け用ろう材、半田として使用。

Al：アルミニウム、Mn：マンガン、Mg：マグネシウム、Cu：銅、Si：ケイ素、Zn：亜鉛、Ti：チタン、V：バナジウム、Ni：ニッケル、Co：コバルト、Cr：クロム、Mo：モリブデン

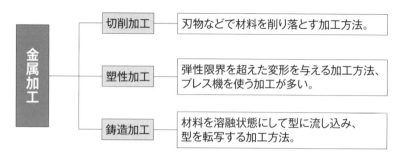

金属加工
- 切削加工 ── 刃物などで材料を削り落とす加工方法。
- 塑性加工 ── 弾性限界を超えた変形を与える加工方法、プレス機を使う加工が多い。
- 鋳造加工 ── 材料を溶融状態にして型に流し込み、型を転写する加工方法。

資料7　切削加工の種類（①②・・・は図番号を示す）

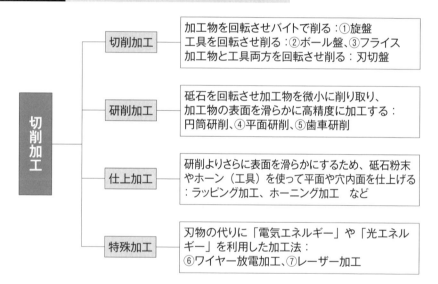

切削加工
- 切削加工 ── 加工物を回転させバイトで削る：①旋盤　工具を回転させ削る：②ボール盤、③フライス　加工物と工具両方を回転させ削る：刃切盤
- 研削加工 ── 砥石を回転させ加工物を微小に削り取り、加工物の表面を滑らかに高精度に加工する：円筒研削、④平面研削、⑤歯車研削
- 仕上加工 ── 研削よりさらに表面を滑らかにするため、砥石粉末やホーン（工具）を使って平面や穴内面を仕上げる：ラッピング加工、ホーニング加工　など
- 特殊加工 ── 刃物の代りに「電気エネルギー」や「光エネルギー」を利用した加工法：⑥ワイヤー放電加工、⑦レーザー加工

資料7 主な切削加工の図解

①旋盤：外丸削り

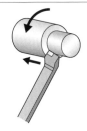

①旋盤：ねじ切り

②ボール盤：穴あけ

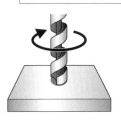

③フライス削り

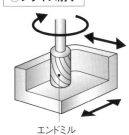

エンドミル

④平面研削

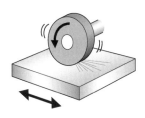

⑤歯車研削

⑥ワイヤー放電加工

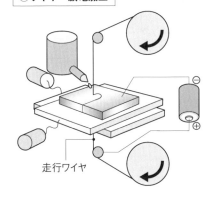

走行ワイヤ

⑦レーザー加工

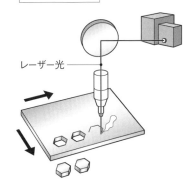

レーザー光

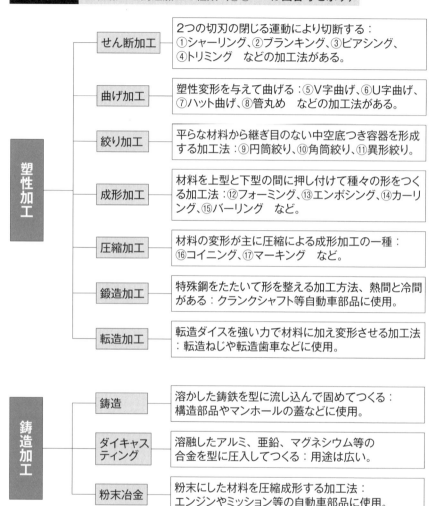

資料8 塑性加工と鋳造加工の種類（①②…は図番号を示す）

塑性加工

- **せん断加工**
  2つの切刃の閉じる運動により切断する：
  ①シャーリング、②ブランキング、③ピアシング、
  ④トリミング　などの加工法がある。

- **曲げ加工**
  塑性変形を与えて曲げる：⑤V字曲げ、⑥U字曲げ、
  ⑦ハット曲げ、⑧管丸め　などの加工法がある。

- **絞り加工**
  平らな材料から継ぎ目のない中空底つき容器を形成
  する加工法：⑨円筒絞り、⑩角筒絞り、⑪異形絞り。

- **成形加工**
  材料を上型と下型の間に押し付けて種々の形をつく
  る加工法：⑫フォーミング、⑬エンボシング、⑭カーリ
  ング、⑮バーリング　など。

- **圧縮加工**
  材料の変形が主に圧縮による成形加工の一種：
  ⑯コイニング、⑰マーキング　など。

- **鍛造加工**
  特殊鋼をたたいて形を整える加工方法、熱間と冷間
  がある：クランクシャフト等自動車部品に使用。

- **転造加工**
  転造ダイスを強い力で材料に加え変形させる加工法
  ：転造ねじや転造歯車などに使用。

鋳造加工

- **鋳造**
  溶かした鋳鉄を型に流し込んで固めてつくる：
  構造部品やマンホールの蓋などに使用。

- **ダイキャスティング**
  溶融したアルミ、亜鉛、マグネシウム等の
  合金を型に圧入してつくる：用途は広い。

- **粉末冶金**
  粉末にした材料を圧縮成形する加工法：
  エンジンやミッション等の自動車部品に使用。

202

資料8　主な塑性加工の図解（1）

せん断加工

① シャーリング

素材の一部を切り落す加工。

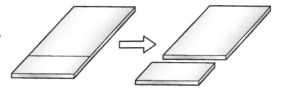

② ブランキング

素材よりあらかじめ決められた
形の板を打ち抜く加工。

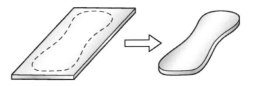

③ ピアシング

金型で孔をあける加工。

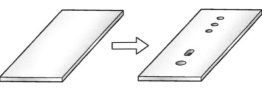

④ トリミング

半完成品より余肉を
縁切りする加工。

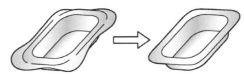

曲げ加工（1）

⑤ V字曲げ

曲げの基本形であり、
直角曲げ、90度曲げ
とも呼ぶ。

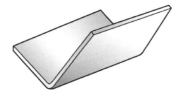

⑥ U字曲げ

チャネル曲げとも呼ぶ。

曲げ加工（2）

⑦ ハット曲げ

U字曲げにフランジが
ついた曲げ加工。

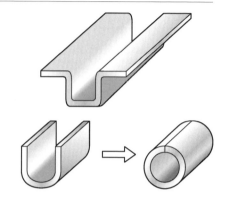

⑧ 管丸め

絞り加工によらず
板を丸める加工。

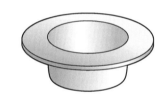

絞り加工

⑨ 円筒絞り

絞り加工の基本形。
しわが出たり破れたりしやすく、
何工程かに分けて加工する。
絞り加工は他の加工に比べると
難しく、油圧で絞るスピードを
調整したり、潤滑油で滑りやすくする。
材料も絞り専用の材料を使用する。

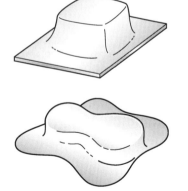

⑩ 角筒絞り

⑪ 異形絞り

資料8　主な塑性加工の図解（3）

成形加工

⑫ フォーミング

自動車のドアパネルや
ボンネット等を加工する。

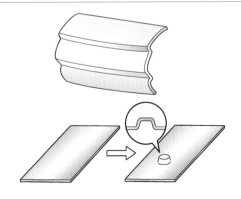

⑬ エンボシング

材料の板厚の変化はなく
比較的浅い凸凹をつくる。
主に装飾・位置決め用。

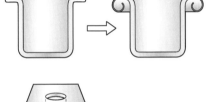

⑭ カーリング

材料の縁を曲げ込む加工。
金型または冶具を使用。
手を切る防止になる。

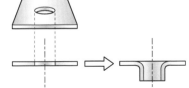

⑮ バーリング

孔の周囲にフランジを立てる
加工で、タップ孔等に使用。

圧縮加工

⑯ コイニング

材料の表面を押し潰して
彫りつける加工。

面取りも行う

⑰ マーキング

材料の表面に凹みの
マークをつける加工。

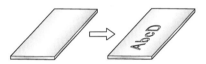

205

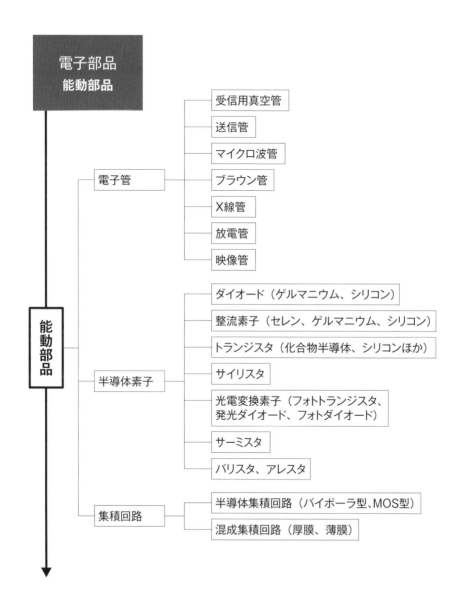

電子部品
能動部品

能動部品

電子管
- 受信用真空管
- 送信管
- マイクロ波管
- ブラウン管
- X線管
- 放電管
- 映像管

半導体素子
- ダイオード（ゲルマニウム、シリコン）
- 整流素子（セレン、ゲルマニウム、シリコン）
- トランジスタ（化合物半導体、シリコンほか）
- サイリスタ
- 光電変換素子（フォトトランジスタ、発光ダイオード、フォトダイオード）
- サーミスタ
- バリスタ、アレスタ

集積回路
- 半導体集積回路（バイポーラ型、MOS型）
- 混成集積回路（厚膜、薄膜）

資料9 電子部品の種類（2）

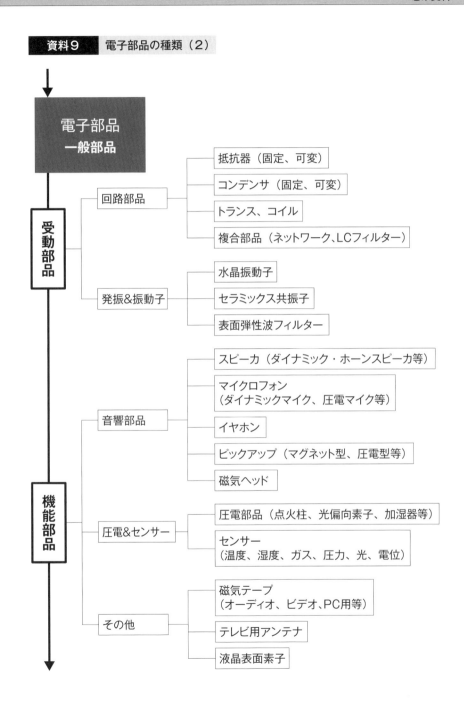

電子部品
一般部品

受動部品
- 回路部品
  - 抵抗器（固定、可変）
  - コンデンサ（固定、可変）
  - トランス、コイル
  - 複合部品（ネットワーク、LCフィルター）
- 発振＆振動子
  - 水晶振動子
  - セラミックス共振子
  - 表面弾性波フィルター

機能部品
- 音響部品
  - スピーカ（ダイナミック・ホーンスピーカ等）
  - マイクロフォン（ダイナミックマイク、圧電マイク等）
  - イヤホン
  - ピックアップ（マグネット型、圧電型等）
  - 磁気ヘッド
- 圧電＆センサー
  - 圧電部品（点火柱、光偏向素子、加湿器等）
  - センサー（温度、湿度、ガス、圧力、光、電位）
- その他
  - 磁気テープ（オーディオ、ビデオ、PC用等）
  - テレビ用アンテナ
  - 液晶表面素子

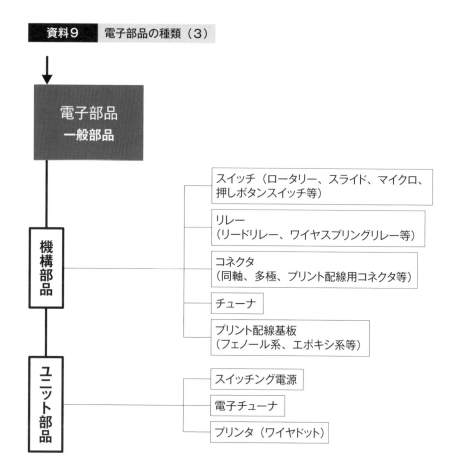

電子部品
一般部品

機構部品

スイッチ（ロータリー、スライド、マイクロ、押しボタンスイッチ等）

リレー
（リードリレー、ワイヤスプリングリレー等）

コネクタ
（同軸、多極、プリント配線用コネクタ等）

チューナ

プリント配線基板
（フェノール系、エポキシ系等）

ユニット部品

スイッチング電源

電子チューナ

プリンタ（ワイヤドット）

資料10	主な段ボール箱の形式

	形式と特徴	略図と展開図
A 式	・段ボール箱の代表的存在、生産性に優れ量産に適し、外装箱の 90%を占める。 ・折り畳め、保管・運搬に便利である。 ・積重ねに強い。 ・必要なシート面積は、C式より少なくてすむ。	
B 式	・梱包・開梱が容易。 ・量産にはあまり適さない。 ・折り畳めるが形が不規則で不便である。 ・圧縮強さが劣る。そのため、主に内装に使われる。	
C 式	・量産にはあまり適さない。 ・再梱包しやすいため、大物の外装、小物の個装に主に使われる。 ・折り畳めないため、保管・運搬には不便である。 ・圧縮強さは優れている。	

種類と特徴	30cm当りの段数	高さmm	中芯伸び率*	図
Aフルート（AF） • 各フルートの中で、単位長さ当りの段数は最も少なく、段の高さは最も高い。 • Aフルートの段ボール箱は、圧縮強さがB・Cフルートに比して強く、緩衝力にも優れている。	34±2	4.5 〜 5.0	1.55	
Bフルート（BF） • A フルートに比して段の数は多く、高さは低い。 • B フルートは平面圧縮が強いので、内容品が固い缶詰・ビンなどの商品の包装に適している。	50±2	2.5 〜 3.0	1.36	
Cフルート（CF） • AフルートとBフルートの中間を取ったものであり、品質特性も中間的である。 • 中芯使用量がAフルートより節約でき、製函における作業効率の向上が可能である。	40±2	3.5 〜 4.0	1.47	
Eフルート（EF） • 段の数がBフルートよりも多く、段の高さも低く、Bフルートに比べさらに硬く、平面圧縮が強いので個装に適している。	90〜97	1.1 〜 1.7	1.27	

＊伸び率とは、「中芯の自由長（しわを伸ばさないときの長さ）」と「中芯のしわを伸ばしたときの長さ」との比をいう。

資料12　段ボールシートの種類／段ボール原紙の種類

■段ボールシートの種類

種類	図
繰り返し	
片面段ボール	
両面段ボール • 一般にシングルと呼ぶ。 • 普通Aフルート。	
複断面段ボール • 一般にダブルと呼ぶ。 • AフルートとBフルートの貼り合わせが多い。	

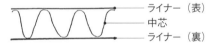

ライナー（表）
中芯
ライナー（裏）

■段ボール原紙の種類

大分類	小分類	
ライナー	クラフトライナー	・古紙を使わず、すべてクラフトパルプを原料として加工された原紙で、一般にクラフトライナーと呼ばれる。
	ジュートライナー	・ライナーの表層にはクラフトパルプを使用し、中間層には古紙などを使用して加工されたもの。一般にはBライナーとCライナーの2種類がある。
中芯	セミ中芯	・セミケミカルパイプ法でつくられたバージンパルプを原料として加工された中芯用原紙のこと。
	強化中芯	・主として、圧縮強度を上げるために、種々の加圧をして強化された中芯用原紙のこと。

工程名	加工内容	代表的使用設備
段ボール貼合加工	中芯に段をつけ、表・裏ライナーを貼り合わす。	・コルゲートマシン
裁断	必要な幅、長さに切断する。	・ロータリースリッター ・手押し裁断機
印刷	印刷をする。	・プリンタスロッター ・縦通し印刷機
溝切り	溝を切る。	・ロータリースロッター ・エキセントリックスロッター
打抜き	型でシートを打ち抜く。	・ロータリーダイカッター ・トムソン型
接合	箱になるように接合する。	・ステッチャー ・グルアー

資料14　主な付属品の種類

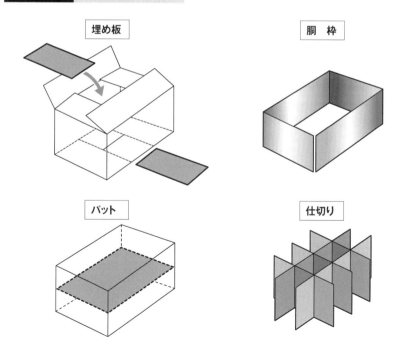

埋め板

胴　枠

パット

仕切り

資料15　木質材料の木材利用概念図

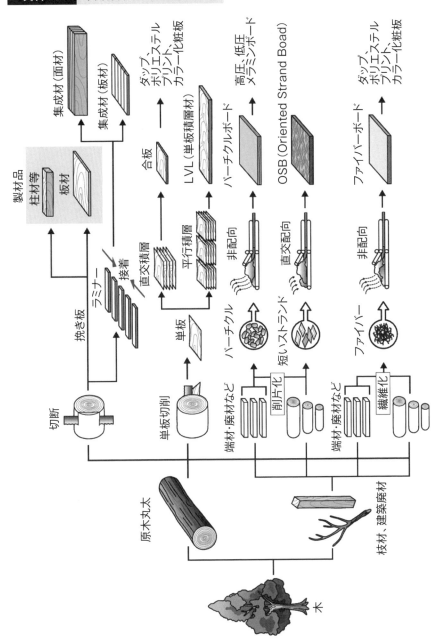

資料16　集成材の製造工程

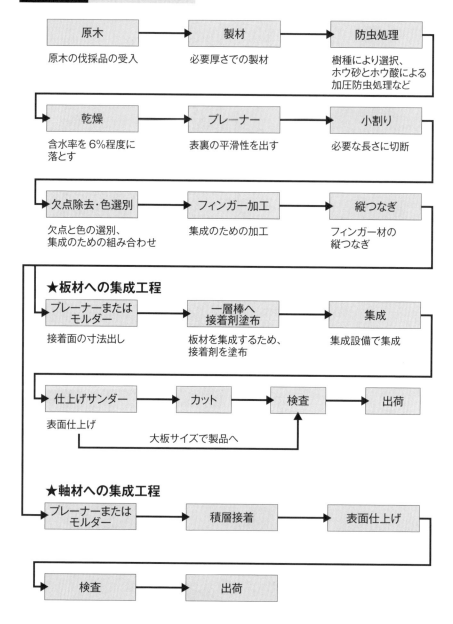

| 原木 | 製材 | 防虫処理 |
| 原木の伐採品の受入 | 必要厚さでの製材 | 樹種により選択、ホウ砂とホウ酸による加圧防虫処理など |

| 乾燥 | プレーナー | 小割り |
| 含水率を6%程度に落とす | 表裏の平滑性を出す | 必要な長さに切断 |

| 欠点除去・色選別 | フィンガー加工 | 縦つなぎ |
| 欠点と色の選別、集成のための組み合わせ | 集成のための加工 | フィンガー材の縦つなぎ |

★板材への集成工程

| プレーナーまたはモルダー | 一層棒へ接着剤塗布 | 集成 |
| 接着面の寸法出し | 板材を集成するため、接着剤を塗布 | 集成設備で集成 |

| 仕上げサンダー | カット | 検査 | 出荷 |
| 表面仕上げ | | | |

大板サイズで製品へ

★軸材への集成工程

| プレーナーまたはモルダー | 積層接着 | 表面仕上げ |

| 検査 | 出荷 |

資料17 合板の製造工程

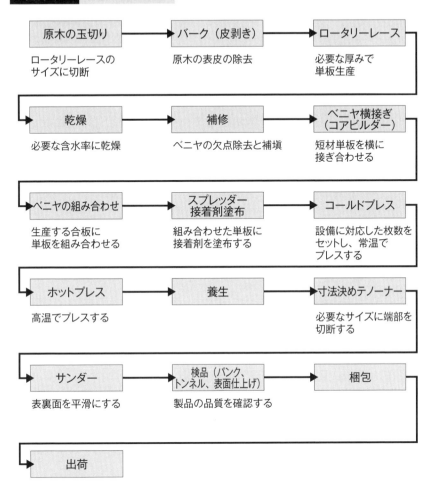

原木の玉切り	→	バーク（皮剥き）	→	ロータリーレース
ロータリーレースの サイズに切断		原木の表皮の除去		必要な厚みで 単板生産

乾燥	→	補修	→	ベニヤ横接ぎ （コアビルダー）
必要な含水率に乾燥		ベニヤの欠点除去と補填		短材単板を横に 接ぎ合わせる

ベニヤの組み合わせ	→	スプレッダー 接着剤塗布	→	コールドプレス
生産する合板に 単板を組み合わせる		組み合わせた単板に 接着剤を塗布する		設備に対応した枚数を セットし、常温で プレスする

ホットプレス	→	養生	→	寸法決めテノーナー
高温でプレスする				必要なサイズに端部を 切断する

サンダー	→	検品（バンク、 トンネル、表面仕上げ）	→	梱包
表裏面を平滑にする		製品の品質を確認する		

出荷

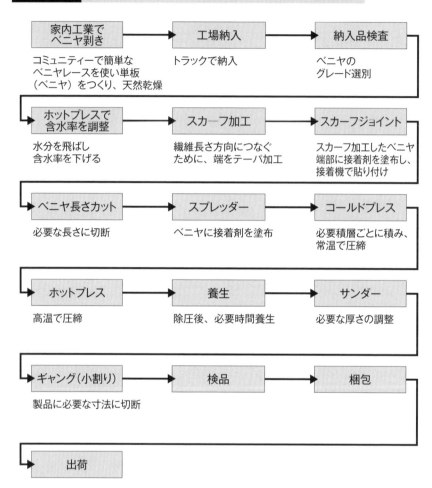

資料19　パーチクルボード（PB）の製造工程

| チップ加工 | → | 異物除去 | → | チップ切削 |

木屑や間伐材、
家屋解体材をチップ加工

異物を除去し破砕、精選

フレーカーで原料
チップを薄く切削

| 切削片 | → | 乾燥 | → | 分級 |

ドライヤーで乾燥させ、
含水率を調整

層別のチップに分ける
（コア部）

| 分級 | → | 糊付け | → | 散布 |

層別のチップに分ける
（表層部）

接着剤を塗布

フォーミングで
層別に散布

| 仮圧締 | → | 熱圧成形 | → | 養生 |

コールドプレスで仮圧締

ホットプレスで
圧縮し接着剤を硬化

| サイズカット | → | 研磨 | → | サイズカット |

サイザーで定尺
原板裁断

サンダーで原板の
厚み規制

製品寸法に裁断

| 検査 | → | 梱包 | → | 出荷 |

製品を検査
（品質性能）

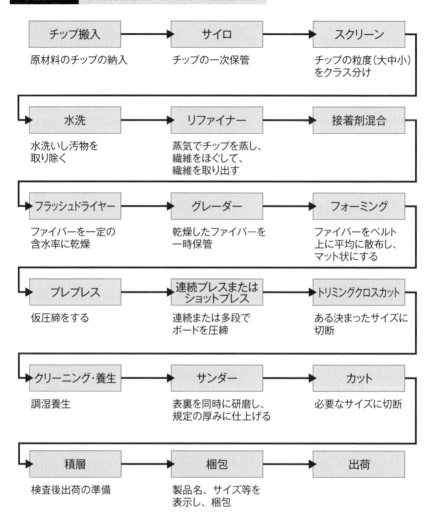

チップ搬入 → サイロ → スクリーン

原材料のチップの納入

チップの一次保管

チップの粒度（大中小）
をクラス分け

水洗 → リファイナー → 接着剤混合

水洗いし汚物を
取り除く

蒸気でチップを蒸し、
繊維をほぐして、
繊維を取り出す

フラッシュドライヤー → グレーダー → フォーミング

ファイバーを一定の
含水率に乾燥

乾燥したファイバーを
一時保管

ファイバーをベルト
上に平均に散布し、
マット状にする

プレプレス → 連続プレスまたは
ショットプレス → トリミングクロスカット

仮圧締をする

連続または多段で
ボードを圧締

ある決まったサイズに
切断

クリーニング・養生 → サンダー → カット

調湿養生

表裏を同時に研磨し、
規定の厚みに仕上げる

必要なサイズに切断

積層 → 梱包 → 出荷

検査後出荷の準備

製品名、サイズ等を
表示し、梱包

資料21 配向性ストランドボード（OSB）の製造工程

原料のアスペン、サザンパインなどをストランドと呼ばれる短冊状の削片にし、3層または5層に構成する。その際、表層面はパネル長手方向に配向し、芯層はそれと直交させて配向させる。

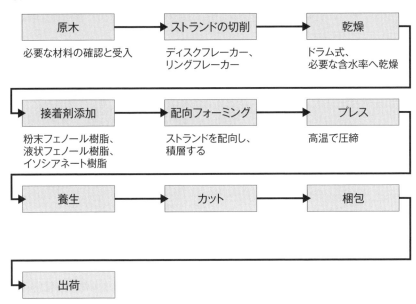

219

用語	英語表記	構成と用途特性
PW （合板）	Plywood	・ベニヤ単板に接着剤を塗布し、木目方向を交互に交差させて貼り合わせたもの。ラワン合板、針葉樹合板、ポプラ合板、ゴム+ファルカタ合板など。 ・建築材料としてオールマイティ。
LVL （平行合板）	Laminated Veneer Lumber	・厚さ 2 ～ 4mm の単板を繊維方向に平行に積層接着したもの。 ・反りを抑えたい場合や軸材に使用。
LVS	Laminated Veneer Sandwiches	・LVL の表裏を MDF でサンドイッチしたもの。 ・シートをラッピングする場合の材料。
LVB	Laminated Veneer Board	・LVL の一部にクロス層を入れたもの。 ・幅反りを抑えたい場合に使用。
PB （パーチクルボード）	Particle Board	・木材のチップを接着剤と混合し、熱圧成型したもの。 ・芯材としてオールマイティ。
低メラパーチ	Low pressure melamine particle board	・メラミン含浸シート（通常 1 層）を PB に低圧プレス。 ・表面の傷を抑えたい場合に使用。
高メラパーチ	High pressure melamine particle board	・メラミン含浸シート（通常 7 層）を PB に高圧プレス。 ・デザイン性があり、傷に強い。
OSB （配向性ストランドボード）	Oriented Strand Board	・細長い切削片（厚み 0.3 ～ 0.8mm）を直交するように接着剤で圧縮成型したもの。 ・膨潤率を要求しない芯材や下地材。
トライボード （蒸気噴射プレス）	Tri Board	・表層が MDF で内層がストランドボードの 3 層構造の材料で、蒸気噴射プレスでの同時一体成型。 ・内層の強度と表層の平滑性を活かす用途。
CLT （直交集成板）	Cross Laminated Timber	・板の層を各層で互いに直交するように積層接着した厚型パネル。 ・直交積層のため高い寸法安定と 90 ～ 210mm 程度の厚みがあり、断熱性に優れ、大板のパネルとして利用、高い耐震性確保ができる。 ・中層や大規模な建築物の木造化に使用される。

資料22 木質材料の用語と構成・用途特性（2）

用語	英語表記	構成と用途特性
MDF （中質繊維板）	Medium Density Fiber Board	・蒸解した木材繊維を接着剤と混合し、熱圧成型したもの（密度 0.35 ～ 0.80 kg/cm^3）。 ・表面平滑性が良くシート貼りできる表面材。
インシュレーション ボード（軟質繊維板）	Insulation fiber Board	・蒸解した木材繊維を接着剤と混合し、熱圧成型したもの（密度 0.35 kg/cm^3 以下）。 ・断熱、吸音に優れる。屋根、床、壁の下地など。
ハードボード （硬質繊維板）	Hard Board	・蒸解した木材繊維を接着剤と混合し熱圧成型したもの（密度 0.80 kg/cm^3 以上）。 ・表面平滑で硬質。打ち抜き、曲げ加工、塗装に優れる。
フラックスボード	Flax Board	・フラックス（亜麻草）の繊維に接着剤を混合し、熱圧プレスし固めたもの。 ・断熱、調湿、吸音性に優れる。
ケナフボード	Kenaf Board	・ケナフ材の繊維を接着剤と混合し、熱圧プレスで固めたもの。 ・断熱、吸放湿、臭い吸着性に優れる。
集成材（フィンガー 接合なし）	Laminated Board	・継ぎ目のない製材を横接ぎしたもの。 ・継ぎ目のない、反りの少ない天板や厚板。
集成材（フィンガー 接合あり）	Finger Joint Laminated Board	・製材をフィンガージョイントし、横接ぎしたもので、短材活用の集成材。 ・反りの少ない天板や厚板。
無垢材	Solid wood	・木材の製材品のことを言い、目的に合わせて加工する素材。
ベニヤ	Veneer	・木材の丸太や角材をスライスしてできる薄いシート状の単板。 ・木目の美しいものは突き板と呼ばれ表層に使われる。柾目や板目がある。

着眼点			評価項目
大分類	中分類	小分類	
経営全般	経営管理	方針管理	会社方針が明示され、従業員へ徹底されている。
		中長期 （3〜5年） 計画	具体的な中長期計画が策定されている。 全社に具体的な事業を展開中である。
	経営姿勢	海外等 展開適応	当社の展開に対し、自社展開できる対応力と意欲がある。
		政策協力	当社の進め方・考え方・改革に協力・対応する力と意欲がある。
		生産 対応力	当社の要請に対し、現有設備での生産拡大の余力がある（優れた QCD がある）。
		事業 継続性	後継者、人材育成がなされ、事業継続に問題がない。
	財務力	収益性・ 資金力	現在のキャッシュフロー・収益性・資金力に優れる。
		将来性	健全な財務で、将来の成長性に優れる。

資料23　調達・購買先診断表（2）

着眼点			評価項目
大分類	中分類	小分類	
技術	商品技術力	特異技術	評価に値する特異な高度技術（工法・設備・金型等）を保有している。
		自社開発能力	独自で試作開発（設計）・評価ができる開発力がある。
		開発スピード	試作・量試・量産にいたる課題解決力・スピードがある。
		技術提案力	新規技術・情報の提案力（材料・加工・コスト情報等）がある。
	生産技術力	設備・冶工具技術	独自で設備・冶工具の開発や改善・工夫ができる力がある。
		金型技術	独自で金型の設計・製作ができる力がある。
		工法開発・工程設計	製品加工・生産量に適した工法開発や効率良い工程設計ができる。
		生産対応力	当社の要請に対し、現有設備での生産拡大の余力がある（優れた QCD がある）。
		変化対応	ものづくり改革（世の中の流れ）に対応できる力がある（JIT・セル生産等）。
	評価技術力	品質評価	試作品や生産品の品質評価・解析をする力がある。
		評価設備	開発に必要な計測器具や評価設備が整備・保有されている。
	IT 技術	3D・CAD 活用	CAD，3D・CAD を活用し、試作や加工への対応力・スピードがある。
	技術者・技能者育成	技術者保有と育成	必要なレベルの技術者を保有、計画的な育成推進ができている。
		技能者保有と育成	技能検定合格者が必要数いて、技能レベル（プレス・成形・金型等）が高い。

着眼点			評価項目
大分類	中分類	小分類	
生産体制	生産管理力	受発注システム	EDIで受発注がリアルタイムでできる（当社とデータ交信可能）。
		生産計画	中長期の計画があり、部材調達・工数管理ができている。
		生産量管理	不要在庫を発生させないしくみがあり、正確な顧客情報に基づき生産計画している。
		在庫管理	材料・仕掛り・製品在庫が適正管理されている（必要分材料供給、見える在庫管理）。
	保全	設備保全	自社で設備の改善・工夫やメンテナンスをする力がある。
		金型保全	自社で金型の改善・工夫やメンテナンスをする力がある。
	生産力	生産の流れ	材料から加工・製品出荷までの流れに滞留がない（仕掛品が最小である）。
		5S	全社で5Sが徹底されている。
		段取り変更	品種変更（段取り替え・セル生産等）が短時間で可能である。
		製造管理	IT技術などで生産進捗度や稼働率・不良率の管理ができている。
		設備稼働	設備保全活動などで、設備の総合稼働率の向上に取り組んでいる。
		生産性改善	作業方法や設備・工法・治工具が改善され、生産性が向上している。
	品質加工力	加工精度	難易度の高い加工品を高精度で生産している。
		設備・工程	ポカよけ・自動検査・EP化など不良を流出させないものづくりがされている。
		工程品質	工程不良や歩留まりのデータを管理するしくみがあり、改善されている。
	作業管理・教育	作業者管理・教育	作業・品質・安全標準の設定がされ、管理でき、計画的な教育がなされている。

資料23 調達・購買先診断表（4）

着眼点			評価項目
大分類	中分類	小分類	
納期	納期対応力	開発納期	開発課題の解決能力を有し、計画どおりの日程管理ができている。
		量産品納期	最小リードタイムで、生産変更への対応や納期管理ができている。
		納入対応	自社要請に応じ、JIT・VMI などの納入対応の能力がある。
品質	品質管理	組織体制	品質保証体制（ISO9001 取得）が構築されている。
		方針展開	品質方針などが社内に展開され、目標・実績が管理されている。
		総合的品質改善	間接部門を含め、全社的に品質改善活動が活発で改善事例がある。
		改善教育	作業者のスキル改善教育が計画的に行われていて、事例がある。
		評価機器管理	計測器具など評価機器を有し、整備・保守点検ができている。
		不良解析力	品質トラブル時の不良解析や原因対策が的確で早い。
		改善スキル	管理者・担当者の改善スキル・意識が高い。
		現場改善活動	QC サークル等、現場改善活動が活発で事例が多い。
	品質実績	納入品質実績	納入品についての受入品質・工程品質が良い（改善されている）。
			品質目標の要求値を高レベルで満足している。
		出荷・工程品質	出荷検査・工程品質がデータ管理され、不良が少ない。

着眼点			評価項目
大分類	中分類	小分類	
調達・購買	購入方法	体制	調達購買の体制が明確（組織または人材）で高レベル。
			集中購買を検討し実施している。
			直接材、間接材の有利購買の体制が他社よりできている。
		標準化	標準化をめざして、メーカー変更や代替材への変更を積極的に行っている。
			購入材の集約や共通使用化を進め、効率的な調達を実施している。
	購買先	集中化	原材料メーカーの集中化や商流集中を進めている。
		開発	グローバルな視野での購買先開発に積極的である。
コスト力	コスト競争力	他社優位性	競合他社との比較で総合的にコスト力がある。
			他社とのコスト対比を常に行い、コスト改善をしている。
	合理化意欲	体制	合理化のための全社的な推進体制が明確である。
		テーマ	生産性向上に意欲的に取り組み、合理化テーマが明確である。
		実績	合理化テーマが推進でき、目標と実績管理ができている。
	価格低減意欲	計画	当社取引品の価格低減に計画的推進がされている。
		提案	当社に対して、VE やロス削減などの積極的提案がなされている。
		CR 協力	期ごとの CR を意欲的に推進し、当社のコスト削減につなげている。
	コスト力全体	計画性	生産性向上の設備投資・更新・工法開発が計画的にされている。
		間接コスト	間接費低減へのしくみや効率化推進に積極的に取り組んでいる。

資料23　調達・購買先診断表（6）

着眼点			評価項目
大分類	**中分類**	**小分類**	
環境対応	体制	体制	環境対応のための全社的な推進体制が明確で、積極的に推進されている。
		方針管理	会社の環境方針が明確に示され、全社に展開している。
	レベル		ISO14001 を取得し、環境対応している。
			CO_2 削減計画があり、実行されている。
			3R の取り組みが明確で、実施されている。
	環境法令対応	しくみ	関係法令に照らして法令遵守のしくみがあり、運用している。
		RoHS対応他	当社要求に応じ禁止物質不使用保証書を提出し、管理のしくみがある。
CSR	情報セキュリティー		機密保持の体制・しくみがあり、運用されている。
	法令遵守		法令遵守のしくみがあり、全員へ徹底されている。
	危機管理		地震・火災・水害など災害発生時の緊急体制・対応手順がある。

■内外作確認チェック項目により決定される場合

確認チェック項目パート1	チェック結果	
	YES →外作不可 （内作）	NO →外作可
自社設計の専用機でなければ製作できない特殊仕様となっている		
注文主から内作での指定を受けている		
望まれる品質が外注では絶対求められない可能性が高い		
技術上の秘密保持が必要とされる		
特許権や保安等の制約がある		
営業上の見地から外注を避ける必要がある		

確認チェック項目パート2	チェック結果	
	YES →外作可	NO →外作不可 （内作）
望まれる品質が内作では絶対得られない可能性が高い		
注文主から外注先の指定を受けている		
必要とされる機械設備や加工技術が社内にはない		
法令等で製造場所が制限される作業ではない		
営業上の見地から内作が必須とはならない		

※すべての項目で「外作可」⇒外作を決定

※「外作不可」の項目あり⇒ 当該項目に対する実現可能な対処策・回避策の検討 ⇒具体策あり⇒外作を決定
⇒具体策なし⇒外作を断念

資料25　内外作選択基準チェックリストⅡ

■戦略的に内外作を計画する場合（1）

① 付加価値の高い順に内作→外作→発展途上国への生産（労働力立地型）	シフティング計画を常に検討
② 消費立地によって海外に企業を求める場合	先進国および発展途上国
③ 原料立地によって海外に企業を求める場合	資源保有国
④ 環境立地によって海外に企業を求める場合	発展途上国
⑤ その部品が製品の基本性能を決める場合	内作検討
⑥ 急所部品である場合	内作検討
⑦ 技術上の秘密が必要な場合	内作検討
⑧ 特殊技術能力が必要な場合	内作検討
⑨ ノウハウになる新製法、新工法品目を含む場合	内作検討
⑩ ノウハウになる新設備、新工程系列を含む場合	内作検討
⑪ 生産量が多くかつ自動化が可能な場合	内作検討
⑫ 生産量も工数も多い場合	内作検討
⑬ 自社開発製品で、良いメーカーがないか、外作では品質が不安定な場合	内作検討
⑭ 新たに大幅な内作をする場合	生産の構造的変化、長期的経済性を検討
⑮ 新たに大幅に内作することが有利とされた場合	ほかの有利な代替的拡張投資がないか
⑯ 機械装備率の高い工程と低い工程が並存している場合	高い工程を内作、低い工程を外作
⑰ 低成長期に内部付加価値を高める場合	内作に切り替え

■戦略的に内外作を計画する場合（2）

⑱ 専門メーカーが業界として確立し、合理化が相当進んでいる場合	外作
⑲ 技術動向から見て、まだ労働集約的な作業の場合	外作
⑳ 消費・原料・環境立地から海外に企業を求める以外の場合であり、単純労働依存型の工程の場合	外作か内職を組織化
㉑ 生産工程のうち自動化ができる工程を含む場合	自動化工程を内作、ほかは外作
㉒ 社内設計をやめて市販品での標準化ができる場合	購入
㉓ 生産量が月ごとまたは季節により変動する場合	内作・外作併用で内作をフル操業
㉔ 内作の省力化、能率化が進められる場合	内作・外作併用で逐次内作化
㉕ 人を他に転用できる可能性がある場合	内作・外作並行の是非を検討
㉖ 将来の営業量が不確実な場合	良いメーカーを探して外作
㉗ 適性規模を超えて急激に増産をした場合	外作
㉘ 仕入れ金額が高い品目がある場合	価格牽制ができる程度の量を内作すべきか検討
㉙ 低成長期にはキャパシティを縮小するか	内作優先か外作優先かを決める
㉚ 長期的に素材資源の入荷が不安定な品目がある場合	内作か内作・外作並行を決める

注）将来どういう事態になったら内外作を切替変更すべきかの検討を開始する条件と目処を事前に決定しておき柔軟に対応することが重要

資料26 購買権限による購買方式区分

購買方式	特徴
集中購買方式	全社の複数事業所で扱う購買品目を、すべて1か所でまとめて購買する方式。
分散購買方式	各事業所で扱う購買品目を、それぞれの事業所で購買する方式。
折衷購買方式	購買品目により、全社集中か事業場分散かを選択し購買する方式。
工場内購買集中化方式	工場内で必要とするすべての外部購入品目に対して、購買部門のみが権限をもって購買する方式。
工場内購買分散化方式	工場内の各部門が必要とする品目を、それぞれ個別に購買する方式。
共同購買方式	自社の購買力が弱い場合や自社調達では明らかに不利な条件でしか購買できない場合に、他社と共同して有利条件での購買をめざす方式。

資料27 購買自由度による購買方式区分

購買方式	特徴
数社購買方式	1社のみからの購買を避け、複数業者からの購買を原則とすることによって、競合状況を常につくり出すとともに、1社購買による供給停止のリスク回避を狙いとした購買方式。
特命購買方式	購買先を最初から1社に特定し、見積に基づき購買する方式。
数社見積1社購買方式	購買先を決定するための見積は複数業者に依頼するが、最終の購買先は1社とする購買方式。 金型や治工具を必要とする品目で、数社購買ではそれぞれに投資が発生する場合や、発注総量が少なく分散することによって逆に不利になる場合に適用される購買方式。

購買方式	特徴
メーカー直接購買方式	ムダな中間業者を介する必要がなく、仕様・品質・納期・価格などの整合も必要に応じて直接行えるため、多くの企業で原則的に採用されている購買方式。
商社経由購買方式	メーカー自体が代理店制を前提としている場合や、発注総量が少なすぎてメーカー直接購買が困難な場合にとられる購買方式。 メーカーに近い一次代理店や機能面で充実した商社の選定が必要。

購買方式		特徴
競争契約による購買方式		入札による価格競争を経て、最も有利な条件を提示した売り手と契約する購買方式。
	一般競争契約による購買方式	あらかじめ登録をしておけば誰でも自由に入札できる方式。公平なやり方での自由競争のため低価格購買の実現可能性が高いが、結果的に不適正な業者が落札し品質やサービスが低下する可能性がある。 一般規格品など、どこから買っても品質等の差がない購入品向き。
	指名競争契約による購買方式	購買側が複数の入札者を選定し指名したうえで行う競争契約による購買方式。 入札者を指名することで不適正な業者の排除が可能だが、指名先が固定してくることによる談合の懸念がある。
随意契約による購買方式		入札行為を経ることなしに、購買側の意思で業者を選定し契約する購買方式。 価格条件だけではなく、供給能力や品質対応力などさまざまな条件を考慮し契約が可能。

資料30　保有在庫による購買方式区分

購買方式		特徴
当用買い方式		必要な量を必要になったタイミングで購買する方式。完全な受注生産のように在庫を持っても消費できるかどうか不明な場合や、見込生産でも短納期の品目に適用される購買方式。
見越購買方式		本来必要とする量や基準在庫量を超えて購買する方式。当座は必要ではないが、今後の調達環境や条件を考慮して意図的に在庫を保有する（見越在庫）。価格が上昇傾向にある場合や入手困難が見込まれる場合。
在庫ゼロ購買方式		自社が所有する在庫量を常にゼロとした状態で、必要な量を必要なタイミングで使用することを可能とした購買方式。
	多頻度小口納入方式	必要なときに必要な量だけを小刻みに購買先が納入し、倉庫での一時保管をなくして直接製造ラインに投入する方式。
	コック方式	自社倉庫を購買先に貸し、購買先がこの倉庫で資材を保有管理し、製造ラインへの出庫業務も代行する方式（出庫即買入となる）。
	預託方式	購買先は資材を自社側に預託するだけで、保管管理と出庫業務は自社側が行う方式（使用した数量が購買量となる）。

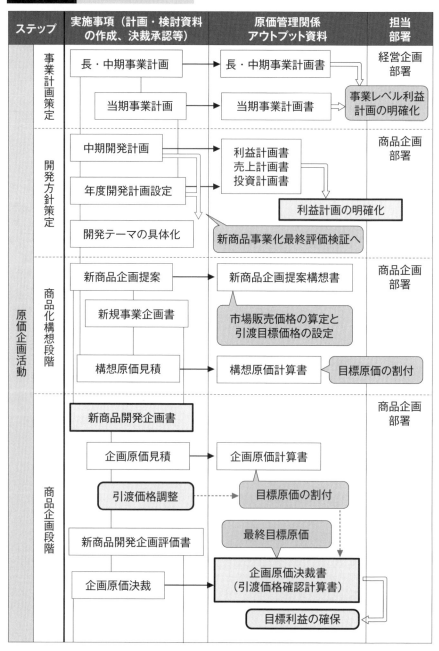

資料31　原価管理体系図（2）

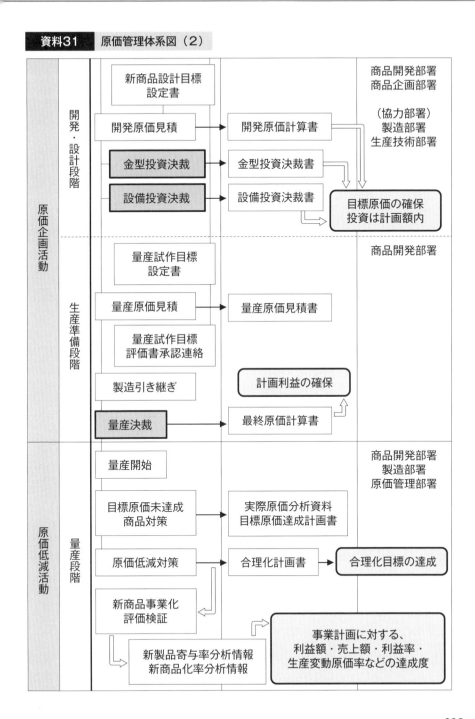

索引

〈執筆者〉

**パナソニック エレクトリックワークス創研株式会社
調達管理チーム**

中尾 晃一（なかお こういち）

中ノ森 哲朗（なかのもり てつろう）

柴田 哲朗（しばた てつろう）

松井 正義（まつい まさよし）

中本 孝徳（なかもと たかのり）

村松 正浩（むらまつ まさひろ）

これだけは知っておきたい
調達・購買の基礎（第2版）

2014 年 11 月 24 日　　第 1 版第 1 刷発行
2024 年 6 月 25 日　　第 2 版第 1 刷発行

編　　者　パナソニック エレクトリックワークス創研株式会社
　　　　　調達管理チーム
発 行 者　村 上 和 夫
発 行 所　株式会社 オーム社
　　　　　郵便番号　101-8460
　　　　　東京都千代田区神田錦町 3-1
　　　　　電話　03(3233)0641(代表)
　　　　　URL https://www.ohmsha.co.jp/

© パナソニック エレクトリックワークス創研株式会社 調達管理チーム 2024

組版　志岐デザイン事務所　　印刷・製本　壮光舎印刷
ISBN978-4-274-23206-0　Printed in Japan

本書の感想募集 https://www.ohmsha.co.jp/kansou/

本書をお読みになった感想を上記サイトまでお寄せください。
お寄せいただいた方には、抽選でプレゼントを差し上げます。

製造現場に生かす QC の知識を解説

QC検定3級 合格ポイント解説

山下 正志・森 富美夫 共著

演習問題 ＋ 解説 → しっかり理解

● 出題範囲のすべての分野をカバー。
● 演習問題を解きながら理解が深まる。
● QC七つ道具の作り方・使い方を事例で納得。

豊富な演習問題と丁寧な解説で
QC検定3級合格をサポート！

本書は、充実した解説とともに演習問題を多く配置し、問題を解きながら理解が深まるよう解説しています。特に QC 七つ道具の一つひとつをしっかり解説することで、受験者のステップアップをサポート。出題範囲のすべての分野をカバーした一冊です。

● 山下 正志・森 富美夫 共著
　後藤 太一郎 監訳
● A5判・256頁
● 定価(本体2100円【税別】)

主要目次
第1章　受験案内と出題傾向及び学習方法
第2章　品質管理の実践
　2.1　QC 的ものの見方・考え方
　2.2　管理と改善の進め方
　2.3　品質とは【定義と分類】
　2.4　プロセス管理
　2.5　問題解決
　2.6　検査及び試験
　2.7　標準化
第3章　品質管理の手法
　3.1　データの取り方・まとめ方
　　　　【定義と基本的な考え方】
　3.2　QC 的ものの見方・考え方七つ道具の活用
　　　　【見方、作り方、使い方】
　3.3　新 QC 七つ道具とは【名称と使用の目的】

品質管理の統計学 製造現場に生かす統計手法

関根 嘉香 著

品質管理に必要な統計学的手法をわかりやすく解説！

品質管理とは、買手の要求に合った品質の製品を経済的に作り出すための手段の体系のことです。工業製品の場合、製造者は良い品を大量にかつ安定に供給しなければなりません。現在このような品質管理において統計的手法が採用されています。本書では、製造プロセスによって得られる品質データの管理に必要な統計学的手法を説明文と例題、演習問題を通じてわかりやすく解説します。

主要目次
第1章　品質管理とは何か
第2章　品質データの表記
第3章　データの分布とばらつき
第4章　品質データの推定
第5章　品質データの検定
第6章　相関と回帰
第7章　多変量解析
第8章　実験計画法
第9章　品質管理と法律・規格
付　録　付録A　付　表
　　　　付録B　演習問題解答

● 関根 嘉香 著
● A5判・280頁
● 定価(本体2800円【税別】)

もっと詳しい情報をお届けできます．
◎書店に商品がない場合または直接ご注文の場合も右記宛にご連絡ください。

ホームページ https://www.ohmsha.co.jp/
TEL／FAX TEL.03-3233-0643 FAX.03-3233-3440

(定価は変更される場合があります)